目　　录

ICS 27.060.30
J 98

中华人民共和国国家标准

GB/T 16508.1—2013

锅壳锅炉

第 1 部分：总则

Shell boilers—

Part 1: General requiments

2013-12-31 发布

2014-07-01 实施

中华人民共和国国家质量监督检验检疫总局
中国国家标准化管理委员会   发布

GBT 16508.1—2013

目　次

前　言

GB/T 16508《锅壳锅炉》分为以下 8 个部分：
——第 1 部分：总则；
——第 2 部分：材料；
——第 3 部分：设计与强度计算；
——第 4 部分：制造、检验与验收；
——第 5 部分：安全附件和仪表；
——第 6 部分：燃烧系统；
——第 7 部分：安装；
——第 8 部分：运行。

本部分为 GB/T 16508 的第 1 部分。

本部分按照 GB/T 1.1—2009 给出的规则起草。

本部分由全国锅炉压力容器标准化技术委员会(SAC/TC 262)提出并归口。

本部分起草单位：中国特种设备检测研究院、上海工业锅炉研究所、上海发电设备成套设计研究院。

本部分主要起草人：寿比南、张显、钱风华、张瑞、王善武、王为国、徐锋。

引　言

GB/T 16508 是全国锅炉压力容器标准化技术委员会(以下简称"委员会")负责制定和归口的锅炉通用技术标准之一,用以规范在中国境内建造或使用的固定式锅壳锅炉设计、制造、检验、验收、安装、运行的相关技术要求。

由于本标准没有必要、也不可能囊括适用范围内锅炉建造和安装中的所有技术细节,因此,在满足法规所规定的基本安全要求的前提下,不应禁止本标准中没有提及的技术内容。

本标准不限制实际工程设计和建造中采用先进的技术方法,但工程技术人员采用先进的技术方法时应能作出可靠的判断,确保其满足本标准规定。

本标准既不要求也不禁止设计人员使用计算机程序实现锅炉的分析或设计,但采用计算机程序进行分析或设计时,除应满足本标准要求外,还应确认:

1) 所采用程序中技术假定的合理性;
2) 所采用程序对设计内容的适应性;
3) 所采用程序输入参数及输出结果用于工程设计的正确性。

对于标准技术条款的询问应以书面形式向委员会秘书处提交,并有义务提供可能需要的资料。与标准条款没有直接关系或不能被理解的询问将视为技术咨询的范畴,委员会有权拒绝回答。

对于未经委员会书面授权或认可的其他机械对标准的宣贯或解释所产生的理解歧义和由此产生的任何后果,本委员会将不承担任何责任。

锅壳锅炉
第1部分:总则

1 范围

1.1　GB/T 16508的本部分规定了固定式锅壳锅炉的材料、设计、制造和检验、安全附件、燃烧系统、安装、运行、节能与环保等方面的通用技术要求。

1.2　本部分适用于符合下列条件的以水为介质、蒸发受热面主要布置在锅壳或在锅壳内设有炉胆的固定式承压锅壳锅炉:

　　a)　设计正常水位水容积大于或等于30 L,且额定蒸汽压力大于或等于0.1 MPa(表压,下同)的蒸汽锅炉;

　　b)　额定出水压力大于或等于0.1 MPa,或者额定功率大于或等于0.1 MW的热水锅炉。

1.3　本部分不适用于以下设备:

　　a)　移动式锅炉(如船用锅炉、铁路机车牵引用锅炉);

　　b)　为满足设备和工艺流程冷却需要的冷却装置;

　　c)　军事用途锅炉。

2 规范性引用文件

　　下列文件对于本文件的应用是必不可少的。凡是注日期的引用文件,仅注日期的版本适用于本文件。凡是不注日期的引用文件,其最新版本(包括所有的修改单)适用于本文件。

　　GB/T 1576　工业锅炉水质

　　GB/T 1921　工业蒸汽锅炉参数系列

　　GB/T 3166　热水锅炉参数系列

　　GB/T 2900.48　电工名词术语　锅炉

　　GB 8978　污水综合排放标准

　　GB/T 10180　工业锅炉热工性能试验规程

　　GB/T 10863　烟道式余热锅炉热工试验方法

　　GB/T 12145　火力发电机组及蒸汽动力设备水汽质量

　　GB 12348　工业企业厂界噪声标准

　　GB 13271　锅炉大气污染物排放标准

　　GB/T 16507　水管锅炉

　　GB/T 16508.2　锅壳锅炉　第2部分:材料

　　GB/T 16508.3　锅壳锅炉　第3部分:设计与强度计算

　　GB/T 16508.4　锅壳锅炉　第4部分:制造、检验与验收

　　GB/T 16508.5　锅壳锅炉　第5部分:安全附件和仪表

　　GB/T 16508.6　锅壳锅炉　第6部分:燃烧系统

　　GB/T 16508.7　锅壳锅炉　第7部分:安装

　　GB/T 16508.8　锅壳锅炉　第8部分:运行

　　GB/T 22395　锅炉钢结构设计规范

　　GB 24747　有机热载体安全技术条件

JB/T 6734　锅炉角焊缝强度计算方法

JB/T 6735　锅炉吊杆强度计算方法

NB/T 47013(JB/T 4730)　承压设备无损检测

NB/T 47014　承压设备焊接工艺评定

TSG G0001　锅炉安全技术监察规程

TSG G0002　锅炉节能技术监督管理规程

3　术语和定义

GB/T 2900.48 界定的以及下列术语和定义适用于本标准。

3.1

额定压力　rated pressure

锅炉的额定压力是指在规定的给水压力和负荷范围内长期连续运行所必须保证的锅炉出口的压力,也是锅炉铭牌上标明的额定工作压力或额定出口压力。

3.2

工作压力　operating pressure

在正常工作情况下,受压部件所承受的最高压力。

3.3

设计压力　design pressure

按规定设定的受压部件(元件)最高压力值,与相应的设计温度一起作为设计载荷条件,其值不低于工作压力。

3.4

计算压力　calculating pressure

在相应设计温度下,用以确定受压元件理论计算厚度的压力。

3.5

安全阀动作压力　safety release pressure

安全阀开始泄放时的压力,也称安全阀的整定压力。

3.6

水压试验压力　hydrostatic test pressure

按规定对锅炉系统或受压部件(元件)进行水压试验时所施加的压力。

3.7

额定温度　rated temperature

在规定的设计条件下长期连续运行所保证的出口工质温度。

3.8

计算温度　calculating temperature

在正常工作条件下所设定的元件的金属温度(沿元件金属截面的温度平均值)。

3.9

试验温度　test temperature

进行压力试验时,受压元件的金属温度。

3.10

计算厚度　required thickness

理论计算公式确定的受压元件厚度。必要时还应计入其他载荷所需厚度。

3.11

设计厚度　design thickness

计算厚度与腐蚀裕量之和。

3.12

名义厚度 nominal thickness

设计厚度加上钢材厚度负偏差和制造减薄量后,向上圆整至钢材标准规格的厚度,即图样标注厚度。

3.13

有效厚度 effective thickness

名义厚度减去腐蚀裕量、钢材厚度负偏差和制造减薄量后的厚度。

3.14

最小成形厚度 minimum required fabrication thickness

受压元件成形后保证设计要求的最小厚度。

3.15

失效模式 failure mode

使产品丧失其规定功能的破坏形式。

3.16

安全附件 safety accessory

防止设备超过设计条件的器件或装置。

3.17

锅炉热效率 boiler thermal efficiency

单位时间内锅炉有效利用热量占锅炉输入热量的百分比,或相应于每千克燃料(固体和液体燃料),或每标准立方米(气体燃料)所对应的输入热量中有效利用热量所占百分比。

3.18

最高火界 the highest fire line

锅炉蒸发受热面上受火焰或高温烟气冲刷的水侧最高点。

3.19

呼吸空位 component space

是指管板上壁温不同的相邻元件之间必须有足够的空间,以防止产生过大的温差应力。

4 资质与责任

4.1 资质

4.1.1 单位资质

锅炉的制造、检验、检测、安装等单位应按《特种设备安全监察条例》要求取得相应特种设备许可资质。

4.1.2 人员资格

4.1.2.1 锅炉受压元件的焊接人员,应当按照《特种设备焊接操作人员考核细则》等有关安全技术规范的要求进行考试,取得《特种设备作业人员证》后,方可在有效期内从事合格项目范围内的焊接工作。

4.1.2.2 无损检测人员应当按照相关技术规范的要求取得特种设备作业人员资格证书后,方能承担与资格证书的种类和技术等级相对应的无损检测工作。

4.1.2.3 锅炉使用单位的作业人员应具有安全技术规范要求的相应资格。

4.2 责任

4.2.1 使用单位

应以书面形式向制造单位提供锅炉设备的工作条件,至少应包括以下内容:

a) 锅炉负荷；

b) 出口介质温度和压力；

c) 燃烧方式和燃料特性；

d) 环境和场地要求；

e) 能效指标及排放要求；

f) 其他要求等。

4.2.2 制造单位

4.2.2.1 应按照有关安全技术规范的要求建立质量体系并有效运行，接受特种设备安全监察机构的监察，对所制造的锅炉产品质量负责。

4.2.2.2 应保证设计文件的正确性和完整性，更改应有可追溯性。

4.2.2.3 锅炉制造过程中和完工后，应按本标准和图样规定对锅炉进行各项检验和试验，出具相应的检验试验报告。

4.2.2.4 产品出厂时，应按 GB/T 16508.4 的规定向使用单位提供与安全有关的技术资料，至少包括：

a) 锅炉图样(包括总图、安装图和主要受压元件图等)；

b) 受压元件强度计算书或计算结果汇总表；

c) 安全阀排放量计算书或计算结果汇总表；

d) 锅炉质量证明书(包括出厂合格证、主要受压元件原材料证明、焊接质量证明、无损检测报告和水压试验证明等)；

e) 锅炉安装说明书和使用说明书；

f) 受压元件重大设计更改资料；

g) 热水锅炉的水流程图及水动力计算书(自然循环的锅壳式锅炉除外)；

h) 制造监督检验证书；

i) 与安全和节能有关的技术资料。

4.2.2.5 制造单位对其制造的锅炉产品在设计使用年限内，除应保存上述出厂技术资料外，还应妥善保存下述技术文件备查：

a) 锅炉设计详图；

b) 材料使用清单；

c) 制造工艺图或制造工艺卡；

d) 焊接工艺文件；

e) 热处理工艺文件；

f) 锅炉制造过程及完工后的检验和试验记录；

g) 制造监督检验证书；

h) 允许的选择项目记录等。

4.2.3 安装单位

安装单位应按照相关安全技术规范标准及锅炉制造厂提供的锅炉图纸和安装说明书进行安装施工，并对施工安全质量负责。

5 锅炉范围界定

5.1 锅炉范围

本标准管辖的锅炉，其范围是指锅炉本体、范围内管道、安全附件、燃烧系统等，按下列范围界定。

5.1.1 锅炉本体

由锅筒及与其连接的受热面、联箱、连接管道等组成的整体。

5.1.2 范围内管道

有分汽(水、油)缸的锅炉,从锅炉给水(油)阀出口起,到分汽(水、油)缸出口止。无分汽(水、油)缸的锅炉,从锅炉给水(油)阀出口起,到锅炉主蒸汽(水、油)出口阀止。包括给水、蒸汽、减温水、启动、取样、加药、排污、疏水、放水和放气等管道。

5.1.3 与外部管道连接

a) 焊接连接的第一道环向接头坡口端面;

b) 螺纹连接的第一个螺纹连接端面;

c) 法兰连接的第一个法兰密封面。

5.1.4 安全附件

包括安全阀、压力测量装置、水(液)位测量与示控装置、报警装置、温度测量装置、排污和排放装置,以及安全保护装置等。

5.1.5 燃烧系统

锅炉燃烧系统包括燃烧设备、燃料输送系统、送风系统、排烟系统、除灰(渣)装置以及所有相关的控制、监测设备等。

5.2 部分典型锅炉结构型式

5.2.1 带内部回燃室的湿背式锅炉(参见图1)

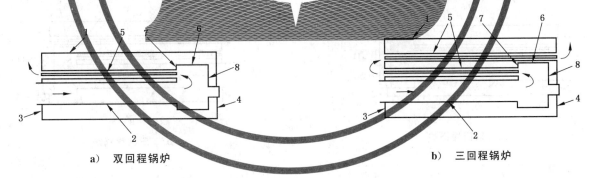

a) 双回程锅炉 b) 三回程锅炉

说明:

1——筒形壳体;

2——炉胆;

3——前管板;

4——后管板;

5——烟管;

6——转烟室筒体;

7——转烟室前管板;

8——转烟室后管板。

有效辐射受热面由炉胆和回燃室表面组成。

图1 带内部回燃室的湿背式锅炉示意图

5.2.2 带外部转向室的湿背式锅炉(参见图2)

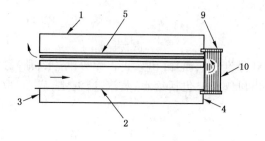
a) 双回程锅炉

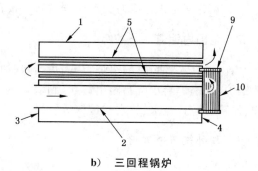
b) 三回程锅炉

说明：

1——筒形壳体；

2——炉胆；

3——前管板；

4——后管板；

5——烟管；

9——集箱；

10——管墙。

有效辐射受热面由炉胆和转烟室所有表面组成。

图2 带外部转烟室的湿背式锅炉示意图

5.2.3 半湿背式锅炉(参见图3)

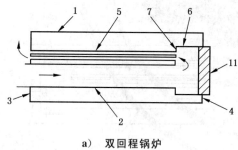
a) 双回程锅炉

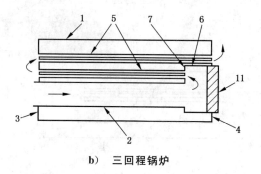
b) 三回程锅炉

说明：

1——筒形壳体；

2——炉胆；

3——前管板；

4——后管板；

5——烟管；

6——转烟室筒体；

7——转烟室前管板；

11——耐火砖。

有效辐射受热面由炉胆覆板和转烟室管板组成。

图3 带外部转烟室的半湿背式锅炉示意图

5.2.4 干背式锅炉（参见图4）

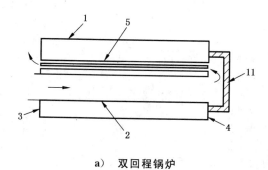
a) 双回程锅炉

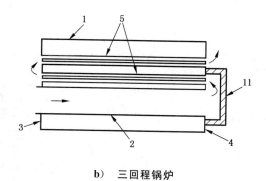
b) 三回程锅炉

说明：

1——筒形壳体；

2——炉胆；

3——前管板；

4——后管板；

5——烟管；

11——耐火砖。

有效辐射受热面由炉胆和后管板组成。

图4 干背式锅炉示意图

5.2.5 回焰式锅炉（参见图5）

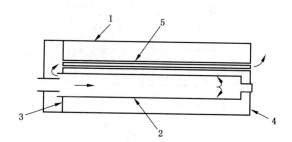

说明：

1——筒形壳体；

2——炉胆；

3——前管板；

4——后部板；

5——烟管。

有效辐射受热面仅由炉胆组成。

图5 回焰式锅炉示意图

5.2.6 立式烟管锅炉示意图（参见图6）

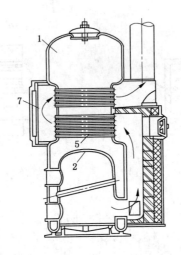

说明：
1——筒形壳体；
2——炉胆；
5——烟管；
7——转烟室管板。

图6 立式烟管锅炉示意图

5.2.7 水火管锅炉示意图（参见图7）

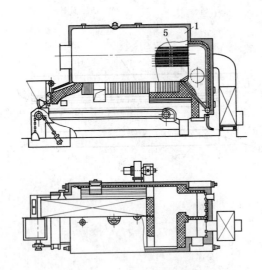

说明：
1——筒形壳体；
5——烟管。

图7 水火管锅炉示意图

5.2.8 贯流锅炉（参见图8）

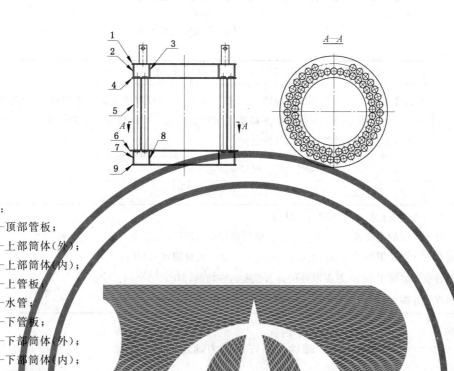

说明：
1——顶部管板；
2——上部筒体（外）；
3——上部筒体（内）；
4——上管板；
5——水管；
6——下管板；
7——下部筒体（外）；
8——下部筒体（内）；
9——底部管板。

图8 贯流锅炉示意图

6 通用技术要求

6.1 基本要求

锅炉的设计、制造、检验、验收、安装、运行等应遵守国家颁布的有关法律、法规和 TSG G0001《锅炉安全技术监察规程》、TSG G0002《锅炉节能技术监督管理规程》等安全技术规范，并满足安全、经济、节能、环保的要求。本部分所有部分符合 TSG G0001《锅炉安全技术监察规程》相应规定的符合性声明见附录 A。

6.2 锅炉参数

制造单位应按使用单位的要求保证锅炉出口处的参数达到额定值，额定值可参照 GB/T 1921 和GB/T 3166 选取。

6.3 材料

6.3.1 材料选用

锅炉材料的选用应符合 GB/T 16508.2 的要求，并且在标准规定的使用范围内使用。

6.3.2 许用应力

本标准所用材料的许用应力按 GB/T 16508.2 选取。确定材料许用应力的依据为：钢材按表1，螺栓材料按表2。

表 1　钢材许用应力确定依据　　　　　　　　　　　　　　MPa

材料	许用应力 （取下列各值中的最小值） MPa
受压元件	$R_m/2.7$、$R_{eL}^t(R_{p0.2}^t)/1.5$、$R_{eL}^t(R_{p0.2}^t)/1.5$、$R_D^t/1.5$、$R_n^t/1.0$
受压元件	奥氏体钢制受压元件，当设计温度低于蠕变范围，且允许有微量的永久变形时，可适当提高许用应力超过 $R_{eL}^t(R_{p0.2}^t)/1.5$，但不得超过 $0.9R_{eL}^t(R_{p0.2}^t)$。此规定不适用于法兰或其他有微量永久变形就产生泄漏或故障的场合
吊杆装置	$R_m/3$、$R_{eL}^t(R_{p0.2}^t)/1.67$、$R_{eL}^t(R_{p0.2}^t)/1.67$、$R_D^t/1.67$、$R_n^t/1.0$
其他受力构件	$R_m/2.7$、$R_{eL}^t(R_{p0.2}^t)/1.5$、$R_{eL}^t(R_{p0.2}^t)/1.5$、$R_D^t/1.5$、$R_n^t/1.0$
R_m——钢材标准规定的抗拉强度下限值，MPa； $R_{eL}(R_{p0.2})$——钢材标准规定的下屈服强度（或规定非比例延伸强度），MPa； $R_{eL}^t(R_{p0.2}^t)$——钢材在设计温度下的下屈服强度（或高温规定非比例延伸强度），MPa； R_D^t——钢材在设计温度下的 10 万 h 断裂的持久强度的平均值，MPa； R_n^t——钢材在设计温度下的 10 万 h 蠕变率 1% 的蠕变极限，MPa。	

表 2　螺栓材料许用应力确定依据

材料	螺栓直径 mm	热处理状态	许用应力 （取下列各值中的最小值） MPa	
碳素钢	≤M22	热轧、正火	$R_{eL}^t/2.7$	
碳素钢	M24～M48	热轧、正火	$R_{eL}^t/2.5$	
低合金钢、马氏体高合金钢	≤M22	调质	$R_{eL}^t(R_{p0.2}^t)/3.5$	$R_D^t/1.5$
低合金钢、马氏体高合金钢	M24～M48	调质	$R_{eL}^t(R_{p0.2}^t)/3.0$	$R_D^t/1.5$
低合金钢、马氏体高合金钢	≥M52	调质	$R_{eL}^t(R_{p0.2}^t)/2.7$	$R_D^t/1.5$
奥氏体高合金钢	≤M22	固溶	$R_{eL}^t(R_{p0.2}^t)/1.6$	
奥氏体高合金钢	M24～M48	固溶	$R_{eL}^t(R_{p0.2}^t)/1.5$	
$R_{eL}^t(R_{p0.2}^t)$——钢材在设计温度下的下屈服强度（或高温规定非比例延伸强度），MPa。				

6.4　设计

6.4.1　锅炉结构

锅炉结构应根据所选用的锅炉蒸发量或热功率、工作压力、工作温度、燃料特性和燃烧方式等参数确定。锅炉结构选用应符合 GB/T 16508.3 的有关规定。

6.4.2　设计计算

6.4.2.1　锅炉元件设计与计算应根据失效模式，按适合的设计准则和设计方法进行设计和计算。锅炉设计计算主要包括热力计算、烟风阻力计算、水动力计算和元件强度计算等。

6.4.2.2　锅炉受压元件设计计算方法应符合 GB/T 16508.3 的有关规定；锅炉角焊缝强度计算方法按

JB/T 6734 的规定;锅炉吊杆强度计算方法按 JB/T 6735 的规定,锅炉钢结构设计计算按 GB/T 22395 的规定。

6.4.2.3 当锅炉结构为锅壳与水管组合设计时,水管形式元件的设计与计算应符合 GB/T 16507 的要求。

6.4.2.4 对无法按 GB/T 16508.3 通过计算确定结构尺寸的受压元件,可以采用试验或者其他计算方法验证其安全性。

6.4.3 计算温度

受压元件计算温度可根据介质温度、传热计算或者实测温度三种方法确定。承受载荷的非受压元件按计算部位的介质温度和环境温度确定。

6.4.4 载荷

6.4.4.1 受压元件设计时应考虑的计算载荷如下:
a) 水或蒸汽的内压或外压力;
b) 液柱静压力;
c) 安全阀整定压力。
需要时还应考虑下列载荷:
d) 受压元件及内装的自重载荷;
e) 附属设备的重力载荷;
f) 风、雪载荷和地震载荷;
g) 连接管道的其他作用力(管道的推力和力距等);
h) 温度梯度和热膨胀量不同引起的作用力;
i) 压力急剧波动时的冲击载荷;
j) 运输和吊装时的作用力。

6.4.4.2 承受载荷的非受压元件应考虑的计算载荷如下:
a) 永久载荷,包括支吊重力、热膨胀推力;
b) 瞬时载荷,包括安全阀排汽反作用力和其他短时间的作用力。

6.4.5 计算压力

以工作压力为基准,考虑安全阀整定压力和水柱静压的附加压力,确定受压元件的计算压力。

6.4.6 厚度附加量

厚度附加量按式(1)确定:

$$C = C_1 + C_2 + C_3 \quad\quad\quad\quad\quad\quad (1)$$

式中:
C ——厚度附加量,单位为毫米(mm);
C_1 ——腐蚀裕量,单位为毫米(mm);
C_2 ——制造减薄量,单位为毫米(mm);
C_3 ——钢材厚度负偏差,单位为毫米(mm)。

6.4.6.1 根据预期的锅炉使用年限和介质对金属材料的腐蚀速率确定腐蚀裕量。一般只考虑工质侧腐蚀,而烟气侧腐蚀应在订货合同中另作规定。磨损情况可参照本条处理。

6.4.6.2 根据具体情况确定制造加工过程中的制造减薄值,如卷板、冲压和弯管工艺等。

6.4.6.3 钢板和钢管的厚度负偏差根据相应钢材标准确定。

6.4.6.4 除强度外,还应考虑受压元件的刚性和制造工艺对最小厚度的限制以及热应力对最大壁厚的限制。

6.4.7 焊接接头系数

6.4.7.1 焊接接头系数应按对接接头的焊缝型式及无损检测的比例确定。

6.4.7.2 双面焊对接接头和相当于双面焊的全焊透对接接头(例如氩弧焊打底双面成形的焊接接头):
 a) 100%无损检测,$\varphi=1.00$;
 b) 局部无损检测,$\varphi=0.85$。

6.4.7.3 单面焊对接接头(沿焊缝根部有垫板)
 a) 100%无损检测,$\varphi=0.90$;
 b) 局部无损检测,$\varphi=0.80$。

6.4.8 安全水位

6.4.8.1 锅炉的最低安全水位应在锅炉图样上注明。

6.4.8.2 锅炉正常运行时的安全水位应高于最高火界 100 mm,对于锅壳内径不大于 1 500 mm 的卧式锅壳式锅炉的最低安全水位应高于最高火界 75 mm。

6.5 制造与检验

6.5.1 锅炉制造与检验应符合 GB/T 16508.4 的规定。

6.5.2 制造单位在锅炉制造前应制定完善的质量计划,其内容至少应包括主要锅炉受压元件的制造工艺、检验与试验项目和合格指标。锅炉制造过程中和完工后,应按图样和质量计划的规定进行各项检验和试验,出具相应报告,并对报告的正确性和完整性负责。

6.5.3 锅炉主要受压元件的主焊缝,如锅筒(锅壳)、炉胆、回燃室以及集箱的纵向和环向焊缝,封头、管板、炉胆顶和下脚圈的拼接焊缝等,应当采用全焊透的对接焊接接头。锅炉受压元件的焊缝不得采用搭接结构。

6.5.4 锅炉元件在焊接前,应按 NB/T 47014 的规定对下列焊接接头进行焊接工艺评定:
 a) 受压元件之间的对接焊接接头;
 b) 受压元件之间或受压元件与承载的非受压元件之间连接的要求全焊透的 T 型接头或角接接头。

6.6 无损检测

无损检测主要包括射线(RT)、超声(UT)、磁粉(MT)、渗透(PT)、涡流(ET)等检测方法,锅炉受压元件无损检测方法应当符合 NB/T 47013(JB/T 4730)的要求。

管子对接接头 X 射线实时成像应当符合相关技术规定。

选用超声衍射时差法(TOFD)时,应当与脉冲回波法(PE)组合进行检测,检测结论以 TOFD 与 PE 方法的结果进行综合判定。

6.7 水压试验

6.7.1 基本要求

锅炉受压元件或部件制造完成后,应在无损检验和热处理之后进行水压试验,零部件水压试验压力应不低于所对应的锅炉本体水压试验压力,组装锅炉和在工地安装的锅炉应进行整体水压试验。水压试验应按 GB/T 16508.4 的规定进行。

6.7.2 整体水压试验

整体水压试验时,试验压力按式(2)计算,并和表3进行对比,取较高值作为水压试验压力,保压时间至少 20 min。

$$p_T = 1.25p\,[\sigma]/[\sigma]^t \qquad\qquad\cdots\cdots\cdots\cdots\cdots\cdots(2)$$

式中:

p_T ——试验压力,单位为兆帕(MPa);

p ——工作压力,单位为兆帕(MPa);

$[\sigma]$ ——受压元件材料试验温度下的许用应力,单位为兆帕(MPa);

$[\sigma]^t$ ——受压元件材料设计温度下的许用应力,单位为兆帕(MPa)。

其中,各受压部件(元件)所用材料不同,应取各受压部件(元件)材料的$[\sigma]/[\sigma]^t$比值中最小值。

表 3 水压试验压力

名称	锅筒(锅壳)工作压力 p	试 验 压 力
锅炉本体 及过热器	<0.8 MPa	1.5 p 但不小于 0.2 MPa
	0.8 MPa~1.6 MPa	p+0.4 MPa
	≥1.6 MPa	1.25 p
直流锅炉本体	任何压力	介质出口压力的1.25倍,且不小于省煤器 进口压力的1.1倍
铸铁省煤器	任何压力	1.5 倍省煤器的工作压力

6.7.3 部件(元件)单件水压试验

a) 过热器、省煤器试验压力为工作压力的 1.5 倍,保压时间至少 5 min;

b) 锅筒和锅壳试验压力为其工作压力的 1.25 倍,保压时间至少 20 min;

c) 对接焊接的集箱类元件,试验压力为其工作压力的 1.5 倍,保压时间至少 5 min;

d) 对接焊接的受热面管子及其他受压管件,试验压力为其工作压力的 1.5 倍,保压时间至少10 s~20 s;

e) 敞口集箱和无成排受热面管接头的集箱、管道、分配集箱等部件,其所有焊缝经过 100% 无损检测合格,以及对接焊接的受热面管及其他受压管件经过氩弧焊打底并且 100% 无损检测合格,在制造单位内可以不单独进行水压试验,同锅炉整体一起进行水压试验。

6.7.4 应力校核

水压试验前,应按式(3)对薄膜应力进行校核。在试验压力下,薄膜应力应满足式(4)的条件。

$$\sigma_T = p_T(D_n + \delta_e)/2\delta_e \qquad\qquad\cdots\cdots\cdots\cdots\cdots\cdots(3)$$

$$\sigma_T \leqslant 0.9\phi R_{eL}^t(R_{p0.2}^t) \qquad\qquad\cdots\cdots\cdots\cdots\cdots\cdots(4)$$

式中:

σ_T ——试验压力下受压元件的薄膜应力,单位为兆帕(MPa);

p_T ——试验压力,单位为兆帕(MPa);

D_n ——受压元件内直径,单位为毫米(mm);

δ_e ——受压元件有效厚度,单位为毫米(mm);

ϕ ——焊接接头系数;

$R_{eL}^t(R_{p0.2}^t)$ ——受压元件材料试验温度时的下屈服强度(或规定非比例延伸强度),单位为兆帕(MPa)。

6.8 安全附件和仪表

配置的安全附件(安全阀、压力表、水位计)、报警装置、测量仪表、安全保护装置等应保证锅炉安全可靠。配置的给水、通风、送煤、出渣(除尘)等辅机设备应保证锅炉经济环保和正常运行。安全附件、计量仪表的配置选用应符合 GB/T 16508.5 的规定。

6.9 燃烧系统

锅炉燃烧系统包括燃烧设备、燃料输送、送风、排烟、除灰(渣),以及所有相关的控制监测设备等,应符合 GB/T 16508.6 的规定。

6.10 安装

锅炉的现场安装、安装过程检验、试运行和验收等,应符合 GB/T 16508.7 规定。

6.11 运行

锅炉的运行、调节等应符合 GB/T 16508.8 的有关规定。锅炉使用单位应按照制造单位的产品操作与维护说明书的要求正确使用。

7 汽水品质

蒸汽锅炉和热水锅炉的给水和炉水品质应符合 GB/T 1576 的要求,有机热载体的品质应符合 GB 24747 的规定。

8 节能与环保要求

8.1 在额定工况下,锅炉的热效率应符合 TSG G0002《锅炉节能技术监督管理规程》和 GB/T 16508.3 的规定。

8.2 锅炉的热工性能试验方法应按照 GB/T 10180 的要求进行,烟道式余热锅炉的热工性能试验方法应按照 GB/T 10863 的要求进行。

8.3 锅炉及其系统应符合 GB 13271、GB 12348 和 GB 8978 等环保标准的要求。

附 录 A

（规范性附录）

标准的符合性声明和修订

A.1 GB/T 16508 所有部分的制定遵循了国家颁布的锅炉安全法规所规定的安全基本要求,其设计准则、材料要求、制造和检验技术要求、验收标准、安装要求、运行要求等,均符合《锅炉安全技术监察规程》的相应规定。本标准所有部分均为协调标准,按本标准所有部分要求建造的锅炉可以满足《锅炉安全技术监察规程》的基本安全要求。

A.2 标准的修订采用提案审查制度。任何单位和个人均有权利对本标准的修订提出建议,修订建议应采用"表 A.1 标准提案/问询表"的方式提交全国锅炉压力容器标准化技术委员会锅炉分技术委员会。全国锅炉压力容器标准化技术委员会锅炉分技术委员会对收到的标准修订提案进行审查,根据审查结果,将采纳的技术内容纳入下一版标准。

表 A.1　标准提案/问询表　　　　总第　　　号

□ 标 准 提 案　　□ 标 准 问 询		标准名称	
单　　位		姓　　名	
联系地址		邮政编码	
电话/传真		电子信箱	
标准条款			
提案/问询内容(可另附页)			
技术依据与相关资料(可另附页)			
附加说明:			
单位图章或提案(问询)人签字:		提交日期:	
			年　　月　　日

全国锅炉压力容器标准化技术委员会锅炉分技术委员会

地址:上海市闵行区剑川路 1115 号　　邮政编码:200240

电子邮箱:bsc@speri.com.cn

————————

ICS 27.060.30
J 98

中华人民共和国国家标准

GB/T 16508.2—2013
部分代替 GB/T 16507—1996

锅壳锅炉
第2部分：材料

Shell boilers—
Part 2：Material

2013-12-31 发布   2014-07-01 实施

中华人民共和国国家质量监督检验检疫总局
中国国家标准化管理委员会   发布

目　次

前　言

GB/T 16508《锅壳锅炉》分为以下 8 个部分：
——第 1 部分：总则；
——第 2 部分：材料；
——第 3 部分：设计与强度计算；
——第 4 部分：制造、检验与验收；
——第 5 部分：安全附件和仪表；
——第 6 部分：燃烧系统；
——第 7 部分：安装；
——第 8 部分：运行。

本部分为 GB/T 16508 的第 2 部分。

本部分按照 GB/T 1.1—2009 给出的规则起草。

本部分部分代替 GB/T 16507—1996 中材料等相关内容，与 GB/T 16507—1996 相比，主要技术变化如下：
——材料部分独立成为系列标准的分标准；
——删除了长期不用或低档次的 12Mng、ZG200-400 等材料；
——增加了常用材料的化学成分、力学性能、弹性模量和膨胀系数等数据。

本部分由全国锅炉压力容器标准化技术委员会（SAC/TC 262）提出并归口。

本部分起草单位：上海发电设备成套设计研究院、中国特种设备检测研究院、上海工业锅炉研究所、江苏太湖锅炉股份有限公司、张家港市江南锅炉压力容器有限公司。

本部分主要起草人：张显、张瑞、钱风华、陈秀彬、吴国妹、顾利平、张宏。

本部分所代替标准的历次版本发布情况为：
——GB/T 16507—1996。

锅壳锅炉
第2部分:材料

1 范围

GB/T 16508 的本部分规定了锅壳锅炉受压元件允许使用的材料牌号及其标准、基本技术要求(包括钢板、钢管、钢锻件、铸钢件、铸铁件、吊杆和拉撑、紧固件、焊接材料)、适用范围(温度和压力)和许用应力,以及非受压元件允许使用的材料牌号及其标准。

本部分适用于 GB/T 16508.1 范围界定的锅壳锅炉受压元件和非受压元件用材料的选择和使用。

2 规范性引用文件

下列文件对于本文件的应用是必不可少的。凡是注日期的引用文件,仅注日期的版本适用于本文件。凡是不注日期的引用文件,其最新版本(包括所有的修改单)适用于本文件。

GB 150.2 压力容器 第2部分:材料

GB/T 699 优质碳素结构钢

GB/T 700 碳素结构钢

GB/T 711 优质碳素结构钢热轧厚钢板和钢带

GB 713 锅炉和压力容器用钢板

GB/T 1220 不锈钢棒

GB/T 1221 耐热钢棒

GB/T 1348 球墨铸铁件

GB/T 3077 合金结构钢

GB 3087 低中压锅炉用无缝钢管

GB/T 3274 碳素结构钢和低合金结构钢热轧厚钢板和钢带

GB/T 4338 金属材料高温拉伸试验方法

GB 5310 高压锅炉用无缝钢管

GB/T 6394 金属平均晶粒度测定方法

GB/T 6803 铁素体钢的无塑性转变温度落锤试验方法

GB/T 8163 输送流体用无缝钢管

GB/T 9439 灰铸铁件

GB/T 10561 钢中非金属夹杂物含量的测定——标准评级图显微检验法

GB/T 11352 一般工程用铸造碳钢件

GB/T 13298 金属显微组织检验方法

GB/T 16507.2 水管锅炉 第2部分:材料

GB/T 16508.1 锅壳锅炉 第1部分:总则

JB/T 2637 锅炉承压球墨铸铁件技术条件

JB/T 2639 锅炉承压灰铸铁件技术条件

JB/T 4730.3 承压设备无损检测 第3部分:超声检测

JB/T 9625 锅炉管道附件承压铸钢件技术条件

JB/T 9626 锅炉锻件技术条件

NB/T 47008　压力容器用碳素钢和低合金钢锻件

NB/T 47018　承压设备用焊接材料订货技术条件

NB/T 47019　锅炉、热交换器用管订货技术条件

YB 4102　低中压锅炉用电焊钢管

TSG G0001　锅炉安全技术监察规程

3　一般要求

3.1　材料的选用

3.1.1　选用材料时，应考虑锅炉的运行条件(温度、压力、环境等)、材料性能(力学性能、工艺性能、化学性能和物理性能等)、制造工艺，以及经济合理性。

3.1.2　受压元件应选用本部分规定的材料，也可选用符合 GB/T 16507.2 要求的材料，其温度和压力适用范围应符合本部分的规定，其性能应符合所规定的标准要求。

3.1.3　受压元件选用本部分规定以外的材料时，允许使用已列入国家和行业标准中的材料，但其性能应不低于本部分或本部分所列材料标准中相近牌号材料的要求。

3.1.4　受压元件选用的境外牌号材料，应是在国内外承压设备上应用成熟的材料，并且符合 TSG G0001《锅炉安全技术监察规程》的有关规定。

3.1.5　非受压元件(如吊耳、鳍片、挡板等)与受压元件焊接时，选用的材料应与它们所要连接的材料相匹配。

3.2　材料代用

锅炉代用材料的选用应符合 3.1 的要求。材料代用应满足原设计的强度、结构和工艺的要求，并经材料代用单位的技术部门(包括设计和工艺部门)同意。

3.3　质量证明书

受压元件用钢材应附有材料制造单位的材料质量证明书。材料质量证明书应符合以下要求：

a)　材料制造单位应当按照相应材料标准和订货合同的规定，向用户提供质量证明书原件，并且在材料的明显部位作出清晰、牢固的钢印标志或者其他标志，材料质量证明书的内容应当齐全、清晰，并且加盖材料制造单位质量检验章；

b)　锅炉用材料由非材料制造单位提供时，供货单位应当提供材料质量证明书原件或者材料质量证明书复印件并加盖供货单位公章和经办人签章。

3.4　材料验收

锅炉制造单位应按材料质量证明书对材料进行验收，合格后才能使用。境外牌号材料应按订货合同规定的技术标准和技术条件进行验收，必要时应补做对照国内锅炉用材料标准所缺少的检验项目，合格后才能使用。

符合下列情形之一的材料可以不进行理化和相应的无损检测复验：

a)　材料使用单位验收人员按照采购技术要求在材料制造单位进行验收，并且在检验报告上进行见证签字确认的；

b)　用于压力<3.8 MPa 锅炉的碳素钢钢板、碳素钢钢管以及碳素钢焊材，实物标识清晰、齐全，具有满足规定要求的材料质量证明书，并且质量证明书与实物相符的。

3.5　基本要求

3.5.1　受压元件和与受压元件焊接的非受压元件用钢材应是镇静钢。

3.5.2 受压元件所用的钢板、钢管、钢锻件、吊杆用圆钢等,当直接采用铸造钢坯(包括铸锭和连铸坯)轧制或锻造时,其压缩比应不小于3。

3.5.3 受压元件用钢材(钢板、钢管、钢锻件及其焊接接头等)采用标准试样进行拉伸试验后的断后伸长率 A 应不小于18%;V形夏比冲击实验冲击吸收能量 K_{V_2} 值应不低于27 J。

3.5.4 受压元件用钢材许用应力按GB/T 16508.1的原则确定。许用应力表中相邻计算温度之间的许用应力数值可用算术内插法确定,并舍去小数点后的数值。

3.5.5 焊接材料在使用条件下应当具有足够的强度、塑性、韧性以及良好的抗疲劳性能和抗腐蚀性能。

3.5.6 钢材的高温非比例延伸强度值($R_{p0.2}$)、10^5 h持久强度平均值、弹性模量和平均线膨胀系数等,参见附录B。

4 钢板

4.1 常用钢板的适用范围按表1的规定。

4.2 钢板材料的许用应力按表2的规定。

4.3 锅炉制造过程中需要对钢板材料进行正火、正火加回火热处理时,钢板制造单位的交货状态可不同于表2中的热处理状态。钢板制造单位出厂检验和锅炉制造单位入厂验收钢板力学性能时,采用热处理样坯进行试验。

4.4 按GB/T 711采购的20钢板,其材料质量证明书中给出的或入厂复验拉伸试验的下屈服强度值(R_{eL}),不得低于245 MPa。

4.5 厚度大于36 mm的13MnNiMoR钢板,可按GB/T 6803附加进行落锤试验,无塑性转变温度(NDT)的合格指标在设计文件中规定。

4.6 设计计算温度高于300 ℃的钢板,可在设计文件中规定附加进行设计计算温度下的高温拉伸试验,高温拉伸试验按GB/T 4338的要求,高温规定非比例延伸强度值 $R_{p0.2}$ 参照附录B的规定。

4.7 用于锅筒(壳)、炉胆、集箱端盖的钢板,应按JB/T 4730.3逐张进行超声波检测。质量等级:Q245R和Q345R钢板厚度>30 mm~36 mm不低于Ⅲ级,>36 mm不低于Ⅱ级;其他钢板不低于Ⅱ级。

表 1 常用钢板的适用范围

材料牌号	材料标准	适用范围	
		工作压力 MPa	壁温 ℃
Q235B、Q235C	GB/T 3274	≤1.6	≤300
20	GB/T 711	≤1.6	≤350
Q245R	GB 713	≤5.3[a]	≤430
Q345R	GB 713	≤5.3[a]	≤430
13MnNiMoR	GB 713	不限	≤400
15CrMoR	GB 713	不限	≤520
12Cr1MoVR	GB 713	不限	≤565
12Cr2Mo1R	GB 713	不限	≤575
[a] 制造不受辐射热的锅筒(锅壳)时,工作压力不受限制。			

表 2 常用钢板的许用应力

材料牌号	材料标准	热处理状态	厚度 mm	室温强度 R_m MPa	R_{eL} MPa	在下列温度（℃）下的许用应力 MPa ≤20	100	150	200	250	300	350	400	425	450	475	500	525	550	575
Q235B	GB/T 3274	热轧、控轧 正火	≤16	370	235	136	133	127	116	104	95									
			>16~30	370	225	136	127	120	111	96	88									
Q235C	GB/T 3274	热轧、控轧 正火	≤16	370	235	136	133	127	116	104	95									
			>16~40	370	225	136	127	120	111	96	88									
20	GB/T 711	热轧、控轧 正火	≤16	410	245	148	147	140	131	117	108	98								
Q245R	GB 713	热轧、控轧 正火	≤16	400	245	148	147	140	131	117	108	98	91	85	61					
			>16~36	400	235	148	140	133	124	111	102	93	86	84	61					
			>36~60	400	225	148	133	127	119	107	98	89	82	80	61					
			>60~100	390	205	137	123	117	109	98	90	82	75	73	61					
			>100~150	380	185	123	112	107	100	90	80	73	70	67	61					
Q345R	GB 713	热轧、控轧 正火	≤16	510	345	189	189	189	183	167	153	143	125	93	66					
			>16~36	500	325	185	185	183	170	157	143	133	125	93	66					
			>36~60	490	315	181	181	173	160	147	133	123	117	93	66					
			>60~100	490	305	181	181	167	150	137	123	117	110	93	66					
			>100~150	480	285	178	173	160	147	133	120	113	107	93	66					
			>150~200	470	265	174	163	153	143	130	117	110	103	93	66					
13MnNiMoR	GB 713	正火+回火	30~100	570	390	211	211	211	211	211	211	211	203							
			>100~150	570	380	211	211	211	211	211	211	211	200							

表 2（续）

材料牌号	材料标准	热处理状态	厚度 mm	室温强度		在下列温度（℃）下的许用应力 MPa														
				R_m MPa	R_{eL} MPa	≤20	100	150	200	250	300	350	400	425	450	475	500	525	550	575
15CrMoR	GB 713	正火+回火	6~60	450	295	167	167	167	160	150	140	133	126	122	119	117	88	58		
			>60~100	450	275	167	167	157	147	140	131	124	117	114	111	109	88	58		
			>100~150	440	255	163	157	147	140	133	123	117	110	107	104	102	88	58		
12Cr1MoVR	GB 713	正火+回火	6~60	440	245	163	160	150	143	137	117	111	105	103	100	98	95	82	59	41
			>60~100	430	235	157	147	140	133	127	117	111	105	103	100	98	95	82	59	41
12Cr2Mo1R	GB 713	正火+回火	6~150	520	310	193	187	180	173	170	167	163	160	157	147	119	89	61	46	37

5 钢管

5.1 常用钢管的适用范围按表3的规定。钢管除应符合相应材料标准要求外,还应符合 NB/T 47019 的要求。

5.2 钢管材料的许用应力按表4的规定。

5.3 对壁厚大于 30 mm 的 10、20、20G、20MnG、25MnG、15MoG、20MoG 钢管,表4中的正火不允许使用终轧温度符合正火温度的热轧代替。对 15Ni1MnMoNbCu、12CrMoG、15CrMoG、12Cr1MoVG 和 12Cr2MoG 钢管,表4中的正火必须是钢管成形后重新加热的热处理,不允许使用钢管成形工艺中的热处理替代。

5.4 设计计算温度高于 300 ℃ 的钢管,可在设计文件中规定附加进行设计计算温度下的高温拉伸试验,高温拉伸试验按 GB/ 4338 的要求,高温规定非比例延伸强度值 $R_{p0.2}$ 参照附录 B 的规定。

5.5 设计计算温度高于 400 ℃ 的钢管,钢管制造单位应保证其高温持久强度符合 GB 5310 和 NB/T 47019.3的规定。

5.6 奥氏体不锈钢元件禁止直接焊接或螺纹连接到铁素体集箱和管子上。

5.7 采用局部感应加热拉拔式和推制式等扩管工艺生产的无缝钢管,碳素钢使用温度不得超过 400 ℃,合金钢使用温度不得超过 450 ℃。

表 3 钢管的适用范围

材料牌号	材料标准	适用范围		
		主要用途	工作压力 MPa	壁温 ℃
10、20	GB/T 8163	受热面管子	≤1.6	≤350
		集箱、管道	≤1.6	≤350
10、20	YB 4102	受热面管子	≤5.3	≤300
		集箱、管道	≤5.3	≤300
10、20	GB 3087	受热面管子	≤5.3	≤460
		集箱、管道	≤5.3	≤430
09CrCuSb(ND 钢)	GB 150	尾部受热面管子	≤5.3	≤300
20G	GB 5310	受热面管子	不限	≤460
		集箱、管道	不限	≤430
20MnG、25MnG		受热面管子	不限	≤460
		集箱、管道	不限	≤430
15MoG、20MoG		受热面管子	不限	≤480
12CrMoG、15CrMoG		受热面管子	不限	≤560
		集箱、管道	不限	≤550
12Cr1MoVG		受热面管子	不限	≤580
		集箱、管道	不限	≤565
12Cr2MoG		受热面管子	不限	≤600[a]
		集箱、管道	不限	≤575
[a] 此处壁温为烟气侧管子外壁温度。				

表 4 常用钢管的许用应力

材料牌号	材料标准	热处理状态	室温强度 R_m MPa	室温强度 R_{eL} MPa	在下列温度(℃)下的许用应力 MPa ≤20	100	150	200	250	300	350	400	425	450	475	500	525	550	575	600
10	GB 3087	正火,t≤16 mm	335	205	124	124	118	110	97	81	74	73	72	61	41					
		正火,t>16 mm	335	195	124	121	116	110	97	81	74	73	72	61	41					
20		正火,t≤16 mm	410	245	152	147	136	125	113	99	91	85	66	49	36					
		正火,t>16 mm	410	235	152	143	134	125	113	99	91	85	66	49	36					
09CrCuSb(ND钢)	GB 150	正火	390	245	144	144	137	127	120	113										
20G	GB 5310	正火	410	245	152	152	152	143	131	118	105	85	66	49	36					
20MnG		正火	415	240	154	146	143	139	131	122	115	105	78	58	40					
25MnG		正火	485	275	180	168	163	158	151	140	134	118	85	59	40					
15MoG		正火	450	270	167	167	167	150	137	120	113	107	105	103	102	62				
20MoG		正火	415	220	147	138	135	133	125	121	118	113	110	107	104	70				
12CrMoG		正火+回火	410	205	137	129	125	121	117	113	110	106	103	100	97	75	51	31		
15CrMoG		正火+回火	440	295	163	163	163	163	163	161	152	144	141	137	135	97	66	41	17	
12Cr1MoVG		正火+回火	470	255	170	165	162	159	156	153	150	146	143	140	137	123	97	73	53	37
12Cr2MoG		正火+回火	450	280	167	128	125	124	123	123	123	123	122	115	99	81	64	49	35	24

t——公称壁厚。

6 钢锻件

6.1 受压元件用钢锻件的适用范围按表5的规定,许用应力按表6的规定。

6.2 吊挂装置(U型卡头、销轴)等用钢锻件的适用温度范围按表7的规定,许用应力按表8的规定。

6.3 钢锻件的级别由设计文件规定,并在图样上注明。

6.4 当用户有要求时,用于受压元件的Ⅲ、Ⅳ级钢锻件应附加金相检验,金相检验要求参照附录A的规定。

6.5 设计计算温度高于300 ℃的钢锻件,可在设计文件中规定附加进行设计计算温度下的高温拉伸试验,高温拉伸试验按GB/T 4338的要求,其高温规定非比例延伸强度值 $R_{p0.2}$ 参照附录B的规定。

6.6 工作压力不超过2.5 MPa的板式平焊钢制管法兰可以用表1中的钢板制造。

6.7 各类管件(三通、弯头、变径接头等)以及集箱封头等元件可以采用表3中相应的钢管材料热加工制作。

6.8 除各种型式的法兰外,空心圆筒形管件或管帽类管件可以用表5中相应材料牌号的轧制或锻制圆钢加工而成,加工管件的圆钢不允许采用钢板代替。当采用轧制或锻制圆钢加工空心圆筒形管件或管帽类管件时,应符合以下要求:

    a) 碳素钢管件外径不大于160 mm,合金钢管件或管帽类管件外径不大于114 mm;

    b) 管件纵轴线与圆钢的轴线平行;

    c) 加工后的管件热处理状态应符合图纸要求;

    d) 加工后的管件应按图纸要求进行无损检测。

表 5 受压元件用钢锻件的适用范围

材料牌号	材料标准	适用范围	
		工作压力 MPa	壁温 ℃
20	JB/T 9626 NB/T 47008	≤5.3[a]	≤430
16Mn		≤5.3[a]	≤430
15CrMo		不限	≤550
14Cr1Mo		不限	≤550
12Cr1MoV		不限	≤565
12Cr2Mo1		不限	≤575
[a] 不与火焰接触时,工作压力不限。			

表 6　受压元件用钢锻件的许用应力

材料牌号	材料标准	热处理状态	公称厚度 mm	室温强度 R_m MPa	R_{eL} MPa	在下列温度(℃)下的许用应力 MPa ≤20	100	150	200	250	300	350	400	425	450	475	500	525	550	575
20	NB/T 47008	正火	≤100	410	235	152	140	133	124	111	102	93	86	84	61					
			>100~200	400	225	148	133	127	119	107	98	89	82	80	61					
			>100~300	380	205	137	123	117	109	98	90	82	75	73	61					
16Mn	NB/T 47008	正火	≤100	480	305	178	173	167	150	137	123	117	110	93	66					
		正火+回火	>100~200	470	295	174	170	163	147	133	120	113	107	93	66					
			>100~300	450	275	167	163	157	143	130	117	110	103	93	66					
15CrMo	NB/T 47008	正火+回火	≤300	480	280	178	170	160	153	143	133	127	120	117	113	110	88	58	37	
			>300~500	470	270	174	163	153	143	137	127	120	113	110	107	103	88	58	37	
14Cr1Mo	NB/T 47008	正火+回火	≤300	490	290	181	180	170	160	153	147	140	133	130	127	122	80	54	33	
			>300~500	480	280	178	173	163	153	147	140	133	127	123	120	117	80	54	33	
12Cr1MoV	NB/T 47008	正火+回火	≤300	470	280	174	170	160	157	147	140	133	127	123	120	117	113	82	59	41
			>300~500	460	270	170	163	153	150	140	133	127	120	117	113	110	107	82	59	41
12Cr2Mo1	NB/T 47008	正火+回火	≤300	510	310	189	187	180	170	170	167	163	160	157	147	119	89	61	46	37
			>300~500	500	300	185	183	177	167	167	163	160	157	153	147	119	89	61	46	37

表 7 锅炉吊挂装置(U 型卡头、销轴等)用钢锻件的适用温度范围

材料牌号	材料标准	适用温度 ℃
20	JB/T 9626、NB/T 47008	≤430
25	JB/T 9626	≤430
35	JB/T 9626、NB/T 47008	≤430
30CrMo	JB/T 9626	≤500
35CrMo	JB/T 9626、NB/T 47008	≤500
12Cr1MoV	JB/T 9626、NB/T 47008	≤565

表 8 锅炉吊挂装置（U 型卡头、销轴等）用钢锻件的许用应力

材料牌号	材料标准	热处理状态	公称厚度 mm	室温强度 R_m MPa	室温强度 R_{eL} MPa	在下列温度（℃）下的许用应力 MPa ≤20	100	150	200	250	300	350	400	425	450	475	500	525	550	575	600
20	JB/T 9626 NB/T 47008	正火	≤100	410	235	137	126	120	111	100	92	83	77	75	54						
			>100~200	400	225	133	120	114	107	96	88	79	74	71	54						
			>200~300	380	205	123	110	105	98	88	81	74	68	65	54						
25	JB/T 9626	正火	≤100	422	235	141	126	120	111	100	92	83	77	75	54						
			>100~300	392	216	129	110	105	98	88	81	74	68	65	54						
35	JB/T 9626	正火	≤100	510	265	159	141	135	123	111	103	94	88	76	54						
	NB/T 47008		>100~300	490	245	147	135	129	119	108	100	91	85	76	54						
30CrMo	JB/T 9626	调质	≤300	620	440	207	207	207	207	207	207	201	192	184	135	100	71				
35CrMo	JB/T 9626	调质	≤300	620	440	207	207	207	207	207	207	201	192	184	135	100	71				
	NB/T 47008		>300~500	610	430	203	203	203	203	203	203	201	192	184	135	100	71				
12Cr1MoV	JB/T 9626	正火＋回火	≤300	470	280	157	153	144	138	132	126	120	114	111	108	105	102	74	53	37	
	NB/T 47008		>300~500	460	270	153	147	138	132	126	120	114	108	105	102	99	96	74	53	37	

7 铸钢件

7.1 铸钢件的适用范围按表 9 的规定。

7.2 铸钢件的安全系数按表 10 规定选取,铸钢件的铸造系数(质量系数)取 0.8。

7.3 常用铸钢件材料的许用应力按表 11 的规定。

表 9 铸钢件的适用范围

材料牌号	材料标准	适用范围	
		工作压力 MPa	壁温 ℃
ZG230-450	JB/T 9625	不限	≤430
ZG20CrMo		不限	≤510
ZG20CrMoV		不限	≤540
ZG15Cr1Mo1V		不限	≤570

表 10 铸钢件的安全系数和许用应力确定

设计温度 ℃	室温抗拉强度 安全系数	高温屈服强度 安全系数	持久强度 安全系数	许用应力 MPa
≤300	$n_b \geqslant \dfrac{4.0}{铸造系数}$	—	—	计算出的应力中的最小值为许用应力
>300	$n_b \geqslant \dfrac{4.0}{铸造系数}$	$n_s \geqslant \dfrac{1.5}{铸造系数}$	$n_D \geqslant \dfrac{1.5}{铸造系数}$	

表 11 常用铸钢件的许用应力

材料牌号	材料标准	热处理状态	室温强度指标		在下列温度（℃）下的许用应力 MPa																	
			R_m MPa	R_{eL} MPa	≤20	100	150	200	250	300	350	400	425	450	475	500	525	550
ZG230-450	GB/T 11352	退火、正火	450	230	90	84	84	84	84	77	73	69	65	44				
ZG20CrMo	JB/T 9625	正火＋回火	460	245	92	88	88	88	88	88	83	80	79	77	75	45	31	
ZG20CrMoV		正火＋回火	490	315	98	98	98	98	98	98	98	98	98	98	96	62	46	29

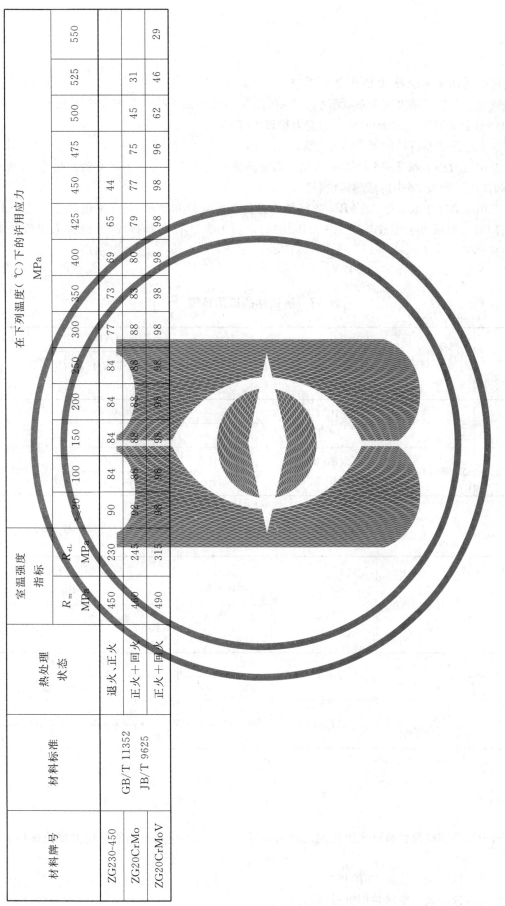

8 铸铁件

8.1 铸铁件的适用范围按表12的规定。

8.2 灰铸铁室温下抗拉强度安全系数不小于10.0,球墨铸铁室温下抗拉强度安全系数不小于8.0。常用铸铁件材料(公称厚度≤30 mm)的许用应力按表13的规定。

8.3 灰铸铁不应用于制造排污阀和排污弯管。

8.4 额定工作压力小于或等于1.6 MPa的锅炉以及蒸汽温度小于或等于300 ℃的过热器,其放水阀和排污阀的阀体可以用表12中的球墨铸铁制造。

8.5 额定工作压力小于或等于2.5 MPa的锅炉方形铸铁省煤器和弯头,允许采用牌号不低于HT300的灰铸铁,额定工作压力小于或等于1.6 MPa的锅炉方形铸铁省煤器和弯头,允许采用牌号不低于HT300的灰铸铁。

8.6 用于承压部位的铸铁件不准焊补。

表 12 铸铁件的适用范围

材料种类	材料牌号	材料标准	适用范围		
			公称通径尺寸 mm	工作压力 MPa	介质温度 ℃
灰铸铁	HT300、HT350	GB/T 9439 JB/T 2639	≤300	≤0.8	<230
			≤200	≤1.6	
球墨铸铁	QT400-18、QT450-10	GB/T 1348 JB/T 2637	≤150	≤1.6	<300
			≤100	≤2.5	

表 13 常用铸铁件的许用应力

材料牌号	材料标准	热处理状态	室温强度指标		在下列温度(℃)下的许用应力 MPa					
			R_m MPa	R_{eL} MPa	≤20	100	150	200	250	300
HT300	GB/T 9439 JB/T 2639	退火	300	—	30	30	30	30	30	
HT350			350	—	35	35	35	35	35	
QT400-18	GB/T 1348 JB/T 2637	球化退火	400	250	50	50	50	50	50	50
QT450-10			450	310	56	56	56	56	56	56

9 吊杆和拉撑

9.1 用于锅炉吊杆和拉撑材料可采用轧制或锻制圆钢。吊杆和拉撑用圆钢的适用温度范围按表14的规定。

9.2 吊杆圆钢的许用应力按表15的规定。

9.3 拉撑板件应选用表1中锅炉用钢板材料。

表 14 吊杆和拉撑用圆钢的适用范围

材料牌号	材料标准	适用范围（壁温） ℃
20[a]	GB/T 699 JB/T 9626 NB/T 47008	≤430
25		≤430
35[a]		≤430
16Mn	NB/T 47008	≤430
15CrMo	GB/T 3077 JB/T 9626 NB/T 47008	≤550
12Cr1MoV[a]		≤565
12Cr2Mo1	NB/T 47008	≤575
30CrMo[a]	GB/T 3077 JB/T 9626 NB/T 47008	≤480
35CrMo		≤480
[a] 可用于吊杆。		

表 15 锅炉吊杆用圆钢的许用应力

材料牌号	材料标准	热处理状态	室温强度		在下列温度（℃）下的许用应力 MPa														
			R_m MPa	R_{eL} MPa	≤20	100	150	200	250	300	350	400	425	450	475	500	525	550	575
20	GB/T 699	正火	410	245	137	132	126	117	105	97	88	82	76	54					
35	GB/T 699	调质	530	315	177	177	159	147	132	119	111	102	76	54					
30CrMoA	GB/T 3077	调质	700	550	233	233	233	233	233	233	233	204	169	135	100	71			
12Cr1MoV	GB/T 3077	正火+回火	490	245	147	147	144	138	132	126	120	114	111	108	105	102	74	53	37

10 紧固件

10.1 紧固件的适用范围按表 16 的规定。

10.2 螺母材料的硬度应低于螺柱(栓)材料的硬度。

10.3 用于受压元件的紧固件材料的许用应力按 GB/T 16508.1 确定。

表 16 紧固件的适用范围

材料牌号	材料标准	适用范围	
		工作压力 MPa	介质温度 ℃
Q235B、Q235C、Q235D	GB/T 700	≤1.6	≤350
20、25	GB/T 699	不限	≤350
35			≤420
30CrMo、35CrMo	GB/T 3077		≤500
12Cr18Ni10、06Cr19Ni10	GB/T 1220、GB/T 1221		≤610

11 焊接材料

11.1 焊接材料的技术要求应符合 NB/T 47018 的规定。焊接产品之前应选用符合标准规范的焊接材料进行焊接工艺评定,根据工艺评定确定产品使用的焊接材料。

11.2 对受压元件用焊接材料,使用单位应建立严格的存放、烘干、发放、回收和回用管理制度。

附 录 A

（资料性附录）

钢锻件的金相检验

A.1 总则

A.1.1 本附录作为标准正文的补充,给出了受压元件用钢锻件金相检验的要求。

A.1.2 受压元件钢锻件除应符合本附录的规定外,还应符合本标准的有关规定。

A.2 金相检验

A.2.1 用于锅炉受压元件的Ⅲ、Ⅳ级钢锻件,可附加金相检验。

A.2.2 金相检验取样部位与力学性能试验取样部位相同。

A.2.3 实际晶粒度

钢锻件的实际晶粒度按 GB/T 6394 进行检验,并符合表 A.1 的规定。

表 A.1 钢锻件的实际晶粒度

材料牌号	晶粒度级别	两个检测区域 晶粒度最大级别与最小级别差
20	4~10 级	不超过 3 级
16Mn		
15CrMo、14Cr1Mo		
12Cr1MoV、12Cr2Mo1		

A.2.4 非金属夹杂物

钢锻件的非金属夹杂物按 GB/T 10561 中的 A 法评级,其 A、B、C、D 和 DS 各类夹杂物的细系级别和粗系级别应分别不大于 2.5 级,各类夹杂物的细系级别总数与粗系级别总数应各不大于 6.5。

A.2.5 显微组织

钢锻件的显微组织按 GB/T 13298 进行检验,并符合表 A.2 的规定。

表 A.2 钢锻件的显微组织

材料牌号	显微组织
20	铁素体＋珠光体
16Mn	铁素体＋珠光体
15CrMo、14Cr1Mo	铁素体＋珠光体,或铁素体＋珠光体＋贝氏体 不允许存在相变临界温度 A_{c1}～A_{c3} 之间的不完全相变产物
12Cr1MoV、12Cr2Mo1	铁素体＋贝氏体,或铁素体＋贝氏体＋珠光体(或索氏体),或贝氏体 不允许存在相变临界温度 A_{c1}～A_{c3} 之间的不完全相变产物

附 录 B

（资料性附录）

常用材料的高温性能

表 B.1　碳素钢和低合金钢钢板高温规定非比例延伸强度值

材料牌号	钢板板厚 mm	在下列温度（℃）下的 $R_{p0.2}(R_{eL})$ MPa									
		20	100	150	200	250	300	350	400	450	500
Q235	3～16	235	199	191	174	156	143				
	>16～36	225	191	180	167	144	132				
20	3～16	245	220	210	196	176	162	147			
Q245R	3～16	245	220	210	196	176	162	147	137	127	
	>16～36	235	210	200	186	167	153	139	129	121	
	>36～60	225	200	191	178	161	147	133	123	116	
	>60～100	205	184	176	164	147	135	123	113	106	
	>100～150	185	168	160	150	135	120	110	105	95	
Q345R	3～16	345	315	295	275	250	230	215	200	190	
	>16～36	325	295	275	255	235	215	200	190	180	
	>36～60	315	285	260	240	220	200	185	175	165	
	>60～100	305	275	250	225	205	185	175	165	155	
	>100～150	285	260	240	220	200	180	170	160	150	
	>150～200	265	245	230	215	195	175	165	155	145	
13MnNiMoR	30～100	390	370	360	355	350	345	335	305		
	>100～150	380	360	350	345	340	335	325	300		
15CrMoR	6～60	295	270	255	240	225	210	200	189	179	174
	>60～100	275	250	235	220	210	196	186	176	167	162
	>100～150	255	235	220	210	199	185	175	165	156	150
12Cr1MoVR	6～60	245	225	210	200	190	176	167	157	150	142
	>60～100	235	220	210	200	190	176	167	157	150	142
12Cr2Mo1R	6～150	310	280	270	260	255	250	245	240	230	215

表 B.2 碳素钢和低合金钢钢管高温规定非比例延伸强度值

材料牌号	在下列温度（℃）下的 $R_{p0.2}$（R_{eL}）MPa										
	20	100	150	200	250	300	350	400	450	500	550
10	205（t≤16 mm） 195（t＞16 mm）	—	—	165	145	122	111	109	107		
20	205（t≤16 mm） 195（t＞16 mm）	—	—	188	170	149	137	134	132		
09CrCuSb（ND 钢）	245	220	205	190	180	170					
20G	245	—	—	215	196	177	157	137	98	49	
20MnG	240	219	214	208	197	183	175	168	156	151	
25MnG	275	252	245	237	226	210	201	192	179	172	
15MoG	270	—	—	225	205	180	170	160	155	150	
20MoG	220	207	202	199	187	182	177	169	160	150	
12CrMoG	205	193	187	181	175	170	165	159	150	140	
15CrMoG	295	—	—	269	256	242	228	216	205	198	
12Cr1MoVG	255	—	—	—		230	225	219	211	201	187
12Cr2MoG	280	192	188	186	185	185	185	185	181	173	159

t——公称壁厚。

表 B.3 碳素钢和低合金钢锻件高温规定非比例延伸强度值

材料牌号	公称厚度 mm	在下列温度（℃）下的 $R_{p0.2}$（R_{eL}）MPa									
		20	100	150	200	250	300	350	400	450	500
Q235	3～16	235	199	191	174	156	143				
	＞16～36	225	191	180	167	144	132				
20	≤100	235	210	200	186	167	153	139	129	121	
	＞100～200	225	200	191	178	161	147	133	123	116	
	＞200～300	205	184	176	164	147	135	123	113	106	
25	≤300	235	210	200	186	167	153	139	129	121	
35	≤100	265	235	225	205	186	172	157	147	137	
	＞100～300	245	225	215	200	181	167	152	142	132	
16Mn	≤100	305	275	250	225	205	185	175	165	155	
	＞100～200	295	265	245	220	200	180	170	160	150	
	＞200～300	275	250	235	215	195	175	165	155	145	
15CrMo	≤300	280	255	240	225	215	200	190	180	170	160
	＞300～500	270	245	230	215	205	190	180	170	160	150

表 B.3（续）

材料牌号	公称厚度 mm	在下列温度（℃）下的 $R_{p0.2}(R_{eL})$ MPa									
		20	100	150	200	250	300	350	400	450	500
12Cr2Mo1	≤300	310	280	270	260	255	250	245	240	230	215
	>300~500	300	275	265	255	250	245	240	235	225	215
12Cr1MoV	≤300	280	255	240	230	220	210	200	190	180	170
	>300~500	270	245	230	220	210	200	190	180	170	160
30CrMo	≤300	440	400	380	370	360	350	335	320	295	
35CrMo	≤300	410	400	380	370	360	350	335	320	295	
	>300~500	430	395	380	370	360	350	335	320	295	

表 B.4　碳素钢和合金钢圆钢高温规定非比例延伸强度值

材料牌号	在下列温度（℃）下的 $R_{p0.2}(R_{eL})$ MPa									
	20	100	150	200	250	300	350	400	450	500
20	245	220	210	196	176	162	147			
35	315	285	265	245	220	200	186			
30CrMoA	550	495	480	470	460	450	435	405	375	
12Cr1MoV	280	255	240	230	220	210	200	190	180	170

表 B.5　铸钢件高温规定非比例延伸强度值

材料牌号	在下列温度（℃）下的 $R_{p0.2}(R_{eL})$ MPa										
	20	100	150	200	250	300	350	400	450	500	550
ZG230-450	230	210	193	175	160	145	135	130	125		
ZG20CrMo	245	215	203	190	178	165	155	150	145	135	
ZG20CrMoV	315	286	268	250	240	230	215	200	190	175	160

表 B.6　碳素钢和低合金钢钢板高温持久强度平均值

材料牌号	在下列温度（℃）下的 10^5 h R_D MPa								
	400	425	450	475	500	525	550	575	600
Q245R	170	127	91	61					
Q345R	187	140	99	64					
13MnNiMoR	—	—	265	176					
15CrMoR	—	—	—	201	132	87	56		
14Cr1MoR	—	—	—	185	120	81	49		
12Cr1MoVR	—	—	—	—	170	123	88	62	
12Cr2Mo1R	—	—	221	179	133	91	69	56	

表 B.7 碳素钢和低合金钢钢管高温持久强度平均值

在下列温度（℃）下的 10^5 h R_D

MPa

材料牌号	400	410	420	430	440	450	460	470	480	490	500	510	520	530	540	550	560	570	580	590	600
10	170	153	136	120	105	91	79	(475)61													
20	128	116	104	94	83	74	65	58	51	45	39										
20G	128	116	104	94	83	74	65	58	51	45	39										
20MnG	—	—	—	110	100	87	75	64	55	46	39	31									
25MnG	—	—	—	120	103	88	75	64	55	46	39	31									
15MoG	—	—	—	—	—	245	209	176	143	118	93	76	59	49	38	31					
20MoG	—	—	—	—	—	—	—	—	145	125	105	88	71	61	50	40					
12CrMoG	—	—	—	—	—	—	—	—	144	129	113	98	83	71							
15CrMoG	—	—	—	—	—	—	—	—	—	168	145	125	106	91	75	61					
12Cr1MoVG	—	—	—	—	—	—	—	—	—	—	184	169	153	139	124	111	98	86	75	65	55
12Cr2MoG	—	—	—	—	—	172	165	154	143	133	122	112	101	91	81	73	64	57	49	43	36

表 B.8 碳素钢和低合金钢钢锻件高温持久强度平均值

材料牌号	在下列温度(℃)下的 10^5 h R_D MPa								
	400	425	450	475	500	525	550	575	600
20	170	127	91	61					
25	172	131	87	59	41				
35	170	127	91	61					
16Mn	187	140	99	64					
15CrMo	—	—	—	201	132	87	56		
12Cr1MoV	—	—	—	—	170	123	88	62	
12Cr2Mo1	—	—	221	179	133	91	69	56	
30CrMo	—	—	225	167	118	75			
35CrMo	—	—	225	167	118	75			

表 B.9 铸钢件高温持久强度平均值

材料牌号	在下列温度(℃)下的 10^5 h R_D MPa								
	400	425	450	475	500	525	550	575	600
ZG230-450	160	122	83	62	40				
ZG20CrMo	310	258	205	145	85	58	30		
ZG20CrMoV	370	307	244	181	117	86	55		

表 B.10 碳素钢和合金钢圆钢高温持久强度平均值

材料牌号	在下列温度(℃)下的 10^5 h R_D MPa								
	400	425	450	475	500	525	550	575	600
20	170	127	91	61					
35	170	127	91	61					
30CrMoA	—	—	225	167	118	75			
12Cr1MoV	—	—	—	—	170	123	88	62	

表 B.11 材料弹性模量

材料类别	在下列温度下(℃)下的弹性模量 $E(10^3)$ MPa											
	20	100	150	200	250	300	350	400	450	500	550	600
碳素钢、碳锰钢	201	197	194	191	188	183	178	170	160	149		
锰钼钢、镍钢	200	196	193	190	187	183	178	170	160	149		
铬(0.5%～2%)钼(0.2%～0.5%)钢	204	200	197	193	190	186	183	179	174	169	164	
铬(2.25%～3%)钼(1.0%)钢	210	206	202	199	196	192	188	184	180	175	169	162

表 B.12　材料导热系数

材料类别	在下列温度下（℃）下的导热系数 λ W/(m·K)												
	20	100	150	200	250	300	350	400	450	500	550	600	650
普通碳素钢(A)[a]	60.4	58.0	55.9	53.6	51.4	49.2	47.0	44.9	42.7	40.5	38.2	35.8	
碳钼钢、低铬钢、碳锰钢、低镍钢(C)[b]	41.0	40.6	40.4	40.1	39.5	38.7	37.8	36.8	35.8	34.8	33.9	32.8	
铬钼钢(D)[c]	36.3	36.9	37.1	37.2	37.1	36.7	36.2	35.4	34.6	33.7	32.8	32.0	31.1

[a] 包括 10、15、20、20G、25、35、Q235、Q245。

[b] 包括 Q345、16Mn、15MoG、20MoG、20MnG、25MnG、12CrMoG、15CrMoG/R、13MnNiMoR、12Cr2MoWVTiB、12Cr3MoVSiTiB、07Cr2MoW2VNbB、30CrMo、35CrMo、15Ni1MnMoNbCu。

[c] 包括 12Cr2MoG、12Cr2Mo1R、12Cr1MoVG/R。

表 B.13　材料平均线膨胀系数

材料类别	在下列温度(℃)与 20 ℃ 之间的平均线膨胀系数 α 10^{-6} mm/(mm·℃)											
	50	100	150	200	250	300	350	400	450	500	550	600
碳素钢 碳锰钢 低铬钼钢	11.12	11.53	11.88	12.25	12.56	12.90	13.24	13.58	13.93	14.22	14.42	14.62

ICS 27.060.30
J 98

中华人民共和国国家标准

GB/T 16508.3—2013
代替 GB/T 16508—1996

锅壳锅炉

第 3 部分：设计与强度计算

Shell boilers—
Part 3:Design and strength calculation

2013-12-31 发布

2014-07-01 实施

中华人民共和国国家质量监督检验检疫总局
中国国家标准化管理委员会
发布

目　次

前　言

GB/T 16508《锅壳锅炉》分为以下 8 个部分：
——第 1 部分：总则；
——第 2 部分：材料；
——第 3 部分：设计与强度计算；
——第 4 部分：制造、检验和验收；
——第 5 部分：安全附件和仪表；
——第 6 部分：燃烧系统；
——第 7 部分：安装；
——第 8 部分：运行。

本部分为 GB/T 16508 的第 3 部分。

本部分按照 GB/T 1.1—2009 给出的规则起草。

本部分代替 GB/T 16508—1996《锅壳锅炉受压元件强度计算》，在符合国家安全监察法规要求的基础上，为锅炉产品的结构设计、强度计算提出了设计计算规则。

本部分与 GB/T 16508—1996 相比主要变化如下：
——本部分不限定额定蒸汽压力范围，原标准范围规定额定蒸汽压力范围不大于 2.5 MPa；
——增加了设计基本要求，并提出了设计技术指标要求；
——删除了 GB/T 16508—1996 中"材料"章节；
——增加了"H 型下角圈"；
——允许在一定的条件下，对两个相邻大孔进行加强；
——增加了"决定元件最高允许工作压力的验证法"章节；
——增加了"水管管板"计算。

本部分对应于 EN 12953《锅壳锅炉》的第 3 部分，主要差异如下：
——本部分包括了设计计算的一般要求、锅炉性能要求及能效要求；
——本部分补强方法采用面积补强法；欧盟标准采用压力补强法。

本部分由全国锅炉压力容器标准化技术委员会(SAC/TC 262)提出并归口。

本部分起草单位：上海工业锅炉研究所、上海发电设备成套设计研究院、江苏双良锅炉有限公司、泰山集团股份有限公司、张家港海陆重工有限公司、江苏太湖锅炉股份有限公司、无锡太湖锅炉有限公司、张家港市江南锅炉压力容器有限公司、上海市特种设备监督检验技术研究院。

本部分主要起草人：吴国妹、李春、施鸿飞、吴艳、雷钦祥、周冬雷、潘瑞林、顾利平、薛建光、吴钢、张宏、高宏伟、蔡昊、王海荣、喻孟全。

本部分所代替标准的历次版本发布情况为：
——GB/T 16508—1996。

锅壳锅炉
第3部分:设计与强度计算

1 范围

GB/T 16508 的本部分规定了锅壳锅炉基本受压元件的设计和结构要求,并给出了铸铁锅炉(附录A)、矩形集箱(附录 B)和水管管板(附录 C)的基本设计要求。

本部分适用于承受内压圆筒形元件、承受外压圆筒形元件、封头、管板、拉撑件、下脚圈,以及开孔和补强的设计计算。

2 规范性引用文件

下列文件对于本文件的应用是必不可少的。凡是注日期的引用文件,仅注日期的版本适用于本文件。凡是不注日期的引用文件,其最新版本(包括所有的修改单)适用于本文件。

GB/T 1576 工业锅炉水质

GB/T 2900.48 电工名词术语锅炉

GB/T 9252 气瓶疲劳试验方法

GB/T 12145 火力发电机组及蒸汽动力设备水汽质量

GB 13271 锅炉大气污染物排放标准

GB/T 16508.1—2013 锅壳锅炉 第1部分:总则

GB/T 16508.2 锅壳锅炉 第2部分:材料

GB/T 16508.4 锅壳锅炉 第4部分:制造、检验和验收

NB/T 47013(JB/T 4730) 承压设备无损检测

TSG G0001 锅炉安全技术监察规程

TSG G0002 锅炉节能技术监察管理规程

3 术语和定义

GB/T 16508.1 和 GB/T 2900.48 界定的术语和定义适用于本文件。

4 符号和单位

本部分中各章节通用的符号含义和单位如下:

E^t ——计算温度时材料的弹性模量,MPa;

p ——计算压力,MPa;

$[p]$ ——校核计算最高允许工作压力,MPa;

p_r ——锅炉额定压力,MPa;

p_0 ——工作压力,MPa;

t_s ——对应于计算压力下的介质饱和温度(热水锅炉为额定出水温度),℃;

t_c ——计算温度,℃;

t_{mave} ——介质额定平均温度，℃；

Δp_a ——设计附加压力（安全阀整定压力），MPa；

Δp_h ——受压元件所受液柱静压力，MPa；

Δp_f ——介质流动阻力附加压力，MPa；

η ——修正系数；

$[\sigma]_J$ ——许用应力，MPa。

5 设计基本要求

5.1 结构要求

5.1.1 锅炉设计应遵守 TSG G0001《锅炉安全技术监察规程》、TSG G0002《锅炉节能技术监督管理规程》等安全技术规范，并应采用先进的技术，使产品满足安全、可靠、高效、经济和环保的要求。

5.1.2 按本部分的规定确定所需考虑的计算载荷及所需进行的载荷计算。按本部分中的有关强度计算公式或应力分析计算公式和规定，确定受压元件的最小需要厚度。

当采用试验或者其他计算方法确定锅炉受压元件强度时，应当将有关的技术资料和方案以及所做试验的条件和数据提交国家质检总局特种设备安全技术委员会，由该技术委员会评审后，报国家质检总局核准，才能进行试制、试用。

5.1.3 筒体、炉胆壁厚和长度

5.1.3.1 当锅壳内径大于 1 000 mm 时，锅壳的取用壁厚应不小于 6 mm；当锅壳内径不超过 1 000 mm 时，锅壳筒体的取用壁厚应不小于 4 mm。

5.1.3.2 炉胆内径不应超过 1 800 mm，其取用壁厚应不小于 8 mm，并且不大于 22 mm；当炉胆内径小于或等于 400 mm 时，其取用壁厚应不小于 6 mm；卧式内燃锅炉的回燃室，其筒体的取用壁厚应不小于 10 mm，并且不大于 35 mm。

5.1.3.3 胀接连接的筒体、管板，取用壁厚应当不小于 12 mm。外径大于 89 mm 的管子不应采用胀接结构设计。

5.1.3.4 卧式锅壳锅炉平直炉胆的计算长度应不超过 2 000 mm，如果炉胆两端与管板扳边对接连接时，平直炉胆的计算长度可以放大至 3 000 mm。

5.1.4 蒸汽锅炉的最低安全水位应高于最高火界 100 mm，但锅壳内径不大于 1 500 mm 的卧式锅壳锅炉的最低安全水位应高于最高火界 75 mm。锅炉的最低及最高安全水位应当在图样上标明。

5.1.5 受压部件（元件）结构的型式、开孔和焊缝的布置应尽量避免或减少复合应力和应力集中。使用的焊缝类型应符合设计文件和 GB/T 16508.4。要进行无损检测的焊缝应设计成能够进行所要求的无损检测的型式。

5.1.6 锅炉主要受压元件的主焊缝（锅壳、炉胆、回燃室、集箱等的纵向和环向焊缝，以及封头、管板、炉胆顶和下脚圈的拼接焊缝等）应当采用全焊透的对接接头；锅炉受压元件的焊缝不得采用搭接结构；拉撑件不应当采用拼接。

5.1.7 锅壳内径大于 1 000 mm 时，应在筒体或者封头（管板）上开设人孔；由于结构限制导致人员无法进入锅炉时，可以只开设检查孔；对锅壳内布置有烟管的锅炉，人孔和检查孔的布置应当兼顾锅壳上部和下部的检修需求；锅壳内径为 800 mm～1 000 mm 的锅壳锅炉，至少应当在筒体或者封头（管板）上开设一个检查孔；立式锅壳锅炉下部开设的手孔数量应当满足清理和检验的需要，其数量应当不少于 3 个。

5.1.8 对于有炉胆的锅炉，燃烧应在炉胆内完成。进入锅炉的水不得直接冲刷炉胆。炉胆内径大于 1 400 mm 或热量输入大于 12 MW 的锅炉，至少在炉内设 3 个测点进行温度测量。

5.1.9 水压试验压力应符合 GB/T 16508.1 的规定。

5.1.10 腐蚀裕量

腐蚀裕量应符合如下规定：

a) 名义厚度 δ>20 mm 的受压元件以及所有平直部件，腐蚀裕量可为 0 mm；

b) 名义厚度 δ≤20 mm 的受压元件，可取 0.5 mm 作为最小腐蚀裕量；

c) 在可能发生严重腐蚀的情况下，应相应地增加腐蚀裕量的值。

5.2 性能要求

5.2.1 设计性能

5.2.1.1 制造厂应保证锅炉在设计条件下达到额定蒸发量或额定热功率，并提供锅炉经济运行负荷范围。

5.2.1.2 在设计条件下运行，锅炉的蒸汽品质应达到以下指标：

饱和蒸汽锅炉的蒸汽湿度对水火管锅炉和锅壳锅炉不应大于 4%；过热蒸汽锅炉过热器入口的蒸汽湿度不应大于 1%；过热蒸汽含盐量不应大于 0.5 mg/kg。

工业用蒸汽锅炉的过热蒸汽温度 t_{ss} 的偏差应符合如下规定：

a) 当 t_{ss}≤300 ℃时，其偏差范围为（$^{+30}_{-20}$）℃；

b) 当 300 ℃<t_{ss}≤350 ℃时，其偏差范围为±20 ℃；

c) 当 350 ℃<t_{ss}≤400 ℃时，其偏差范围为（$^{+10}_{-20}$）℃。

5.2.1.3 热水锅炉出水温度和回水温度偏差绝对值不应大于 5 ℃。

5.3 热效率

5.3.1 设计时应采取有效的措施，以提高锅炉热效率并降低锅炉运行对环境产生的影响，锅炉应设置必要的热工及环保监测的测点。

5.3.2 设计条件下锅炉热效率指标应不小于下列规定值：

a) 层状燃烧锅炉的热效率不应低于表 1 的规定；

b) 燃油和燃气锅炉的热效率不应低于表 2 的规定；

c) 表中未列燃料的锅炉热效率指标由供需双方商定。

表 1 层状燃烧锅炉热效率

燃料品种		燃料收到基低位发热量 $Q_{net,v,ar}$ kJ/kg	锅炉容量 D t/h 或 MW				
			$D<1$ 或 $D<0.7$	$1≤D≤2$ 或 $0.7≤D≤1.4$	$2<D≤8$ 或 $1.4<D≤5.6$	$8<D≤20$ 或 $5.6<D≤14$	$D>20$ 或 $D>14$
			锅炉热效率 %				
烟煤	Ⅱ	$17\,700≤Q_{net,v,ar}≤21\,000$	73	76	78	79	80
	Ⅲ	$Q_{net,v,ar}>21\,000$	75	78	80	81	82
贫煤		$Q_{net,v,ar}≥17\,700$	71	74	76	78	79
无烟煤	Ⅱ	$Q_{net,v,ar}≥21\,000$	60	63	66	68	71
	Ⅲ	$Q_{net,v,ar}≥21\,000$	65	70	74	76	79
褐煤		$Q_{net,v,ar}≥11\,500$	71	74	76	78	80

注：1 表中未列燃料的锅炉热效率指标由供需双方商定，参照相应燃料收到基热位发热值相近的锅炉热效率指标。

2 各燃料品种的干燥无灰基挥发分（V_{daf}）范围为烟煤：$V_{daf}>20\%$；贫煤：$10\%<V_{daf}≤20\%$；Ⅱ类无烟煤：$V_{daf}<6.5\%$；Ⅲ类无烟煤：$6.5\%≤V_{daf}≤10\%$；褐煤：$V_{daf}>37\%$。

表 2　燃油和燃气锅炉热效率

燃料品种	燃料收到基低位发热量 $Q_{net,v,ar}$ kJ/kg	锅炉容量 D t/h 或 MW	
		D≤2 或 D≤1.4	D>2 或 D>1.4
		锅炉热效率 %	
重油	—	86	88
轻油		88	90
气		88	90
注："气"是指天然气、城市煤气和液化石油气。			

5.4　排放要求

5.4.1　排烟处过量空气系数应符合如下的规定：

　　a)　对燃煤室燃炉及带膜式壁的燃煤层燃炉，排烟处过量空气系数不超过 1.4；

　　b)　对其他燃煤层燃炉，排烟处过量空气系数不超过 1.65；

　　c)　对正压燃烧的燃油(气)锅炉，排烟处过量空气系数不超过 1.15；

　　d)　对负压燃烧的燃油(气)锅炉，排烟处过量空气系数不超过 1.25。

5.4.2　在锅炉系统设计时，锅炉配套辅机的驱动电机宜配有变频调速装置。

5.4.3　锅炉设计排烟温度应符合下述要求：

　　a)　额定蒸发量小于 1 t/h 的蒸汽锅炉，不高于 230 ℃；

　　b)　额定热功率小于 0.7 MW 的热水锅炉，不高于 180 ℃；

　　c)　额定蒸发量大于或者等于 1 t/h 的蒸汽锅炉和额定热功率大于或等于 0.7 MW 的热水锅炉，不高于 170 ℃。

5.4.4　锅炉应配置必要的脱硫除尘设备，锅炉宜配备脱硝设备，锅炉大气污染物的排放应符合 GB 13271 的规定。

5.5　许用应力

5.5.1　本部分常用材料的许用应力$[\sigma]_J$按 GB/T 16508.2 选取，用于设计计算时，有时还需考虑元件结构特点和工作条件，按式(1)乘以修正系数：

$$[\sigma]=\eta[\sigma]_J \qquad\qquad\qquad (1)$$

5.5.2　修正系数 η 根据元件结构特点和工作条件，按表3选取。

表 3　修正系数 η

元件型式及工作条件	η
锅壳筒体和集箱筒体不受热(在烟道外或可靠绝热)	1.00
受热(烟温≤600 ℃)	0.95
受热(烟温>600 ℃)	0.90

表 3（续）

元件型式及工作条件	η
管子(管接头)、孔圈	1.00
烟管	0.80
波形炉胆	0.60
凸形封头、炉胆顶、半球形炉胆、凸形管板 立式无冲天管锅炉与干汽室的凹面受压的凸形封头	1.00
立式无冲天管锅炉凸面受压的半球形炉胆	0.30
立式无冲天管锅炉凸面受压的炉胆顶	0.40
立式冲天管锅炉凸面受压的炉胆顶	0.50
立式冲天管锅炉凹面受压的凸形封头	0.65
卧式内燃锅炉凹面受压的凸形封头	0.80
凸形管板的凸形部分	0.95
凸形管板的烟管管板部分	0.85
有拉撑的平板、烟管管板	0.85
拉撑件(拉杆、拉撑管、角撑板)	0.60
加固横梁	1.00
孔盖	1.00
圆形集箱端盖	(见表16)
矩形集箱筒板	1.25
矩形集箱端盖	0.75

5.6 计算温度

5.6.1 受压元件计算温度取内外壁温算术平均值中的最大值。若受压元件的计算温度低于 250 ℃时，取 250 ℃。

5.6.2 受压元件的计算温度 t_c 按热力计算确定。当锅炉给水质量符合 GB/T 1576 或 GB/T 12145 标准时，计算温度可按表 4 确定。

表 4 计算温度 t_c 单位为摄氏度

受压元件型式及工作条件	t_c
防焦箱	$t_{mave}+110$
直接受火焰辐射的锅壳筒体、炉胆、炉胆顶、平板、管板、火箱板、集箱	$t_{mave}+90$
与温度 900 ℃以上烟气接触的锅壳筒体、回燃室、平板、管板、集箱	$t_{mave}+70$
与温度 600 ℃~900 ℃烟气接触的锅壳筒体、回燃室、平板、管板、集箱	$t_{mave}+50$
与温度低于 600 ℃烟气接触的锅壳筒体、平板、管板、集箱	$t_{mave}+25$
水冷壁管	$t_{mave}+50$
对流管、拉撑管	$t_{mave}+25$
不直接受烟气或火焰加热的元件	t_{mave}

注：表中 t_c 仅适用于锅炉给水质量符合 GB/T 1576 或 GB/T 12145 的情况。

5.7 工作压力和计算压力

5.7.1 工作压力按式(2)计算：

$$p_0 = p_r + \Delta p_f + \Delta p_h \qquad \cdots\cdots\cdots\cdots\cdots\cdots(2)$$

5.7.2 工质流动阻力 Δp_f 取最大流量时计算元件至锅炉出口之间的压力降。

5.7.3 当所受液柱静压力不大于 $(p_r + \Delta p_a + \Delta p_f)$ 的 3% 时，则取所受液柱静压力等于零。

5.7.4 受压元件的计算压力按式(3)计算：

$$p \geqslant p_0 + \Delta p_a \qquad \cdots\cdots\cdots\cdots\cdots\cdots(3)$$

6 承受内压力的圆筒形元件

6.1 范围

本章规定了承受内压的圆筒形元件,包括筒体、集箱、内压管子、大横水管等元件的设计计算方法和结构要求。

6.2 符号与单位

a —— 计算斜向孔桥减弱系数时的两孔间在筒体平均直径圆周方向上的弧长,mm；

a_1 —— 弯管工艺系数；

b_1 —— 弯管外侧厚度实际制造工艺减薄率；

C —— 厚度附加量,mm；

C_1 —— 受压元件腐蚀裕量,mm；

C_2 —— 受压元件制造减薄量,mm；

C_3 —— 受压元件钢材厚度负偏差,mm；

D_i —— 锅壳筒体内径,mm；

D_o —— 集箱筒体外径,mm；

d —— 开孔直径,椭圆孔在相应节距方向上的尺寸,mm；

d_e —— 孔的当量直径,mm；

d_m —— 相邻两孔直径的平均值,mm；

d_o —— 管子的外径,mm；

K —— 斜向孔桥的换算系数；

K_1 —— 弯管形状系数；

m —— 管子厚度下偏差(为负值时)与管子公称厚度的百分比绝对值,%；

n —— 两孔间在筒体轴线方向上的距离 b 与两孔间在筒体平均直径圆周方向上的弧长 a 的比值；

n_1 —— 弯管中心线的半径 R 与管子外径的比值；

$[p]_w$ —— 弯管校核计算最高允许计算压力,MPa；

R —— 弯管中心线的半径或圆弧集箱中心线的半径,mm；

s_0 —— 可不考虑孔间影响的相邻两孔的最小节距,mm；

s —— 纵向(轴向)相邻两孔的节距,或为火箱管板的内壁间距,mm；

s' —— 横向(环向)相邻两孔的节距,mm；

s''　——斜向相邻两孔的节距,mm;

a　——孔的轴线偏离筒体径向的角度,(°);

δ　——受压元件名义厚度,mm;

δ'　——对接边缘厚度偏差,mm;

δ_c　——受压元件计算厚度,mm;

δ_{min}　——受压元件成品最小厚度,mm;

δ_{bc}　——钢管弯成的弯管外侧的理论计算厚度,mm;

δ_{be}　——弯管外侧的有效壁厚,mm;

δ_{bmin}　——弯管成品外侧的最小厚度,mm;

δ_e　——受压元件有效厚度,mm;

φ　——纵向孔桥减弱系数;

φ'　——横向孔桥减弱系数;

φ''　——斜向孔桥减弱系数;

φ_d　——斜向孔桥当量减弱系数;

φ_w　——焊接接头系数;

φ_{min}　——最小减弱系数;

φ_c　——校核部位的减弱系数。

6.3 锅壳和集箱筒体

6.3.1 锅壳筒体计算厚度按式(4)计算:

$$\delta_c = \frac{pD_i}{2\varphi_{min}[\sigma]-p} \quad\quad\quad\cdots\cdots\cdots\cdots\cdots\cdots\cdots(4)$$

锅壳筒体成品最小厚度按式(5)计算:

$$\delta_{min} = \delta_c + C_1 \quad\quad\quad\cdots\cdots\cdots\cdots\cdots\cdots\cdots(5)$$

锅壳筒体名义厚度为圆整数,应满足:

$$\delta \geqslant \delta_c + C \quad\quad\quad\cdots\cdots\cdots\cdots\cdots\cdots\cdots(6)$$

6.3.2 集箱筒体理论计算厚度按式(7)计算:

$$\delta_c = \frac{pD_o}{2\varphi_{min}[\sigma]+p} \quad\quad\quad\cdots\cdots\cdots\cdots\cdots\cdots\cdots(7)$$

其成品最小需要厚度 δ_{min} 按式(5)计算。

集箱筒体名义厚度应满足:

$$\delta \geqslant \delta_c + C \quad\quad\quad\cdots\cdots\cdots\cdots\cdots\cdots\cdots(8)$$

6.3.3 校核计算时,锅壳筒体及集箱筒体的最高允许工作压力按式(9)、式(10)计算:

锅壳筒体:

$$[p] = \frac{2\varphi_c[\sigma]\delta_e}{D_i+\delta_e} \quad\quad\quad\cdots\cdots\cdots\cdots\cdots\cdots\cdots(9)$$

集箱筒体:

$$[p] = \frac{2\varphi_c[\sigma]\delta_e}{D_o-\delta_e} \quad\quad\quad\cdots\cdots\cdots\cdots\cdots\cdots\cdots(10)$$

式中有效厚度 δ_e 按式(11)计算:

$$\delta_e = \delta - C \qquad\qquad\qquad \text{……………………………………（ 11 ）}$$

当 δ_e 按式(11)计算时,取 φ_c 等于 φ_{min};δ_e 也可取为各校核部位的实际测量厚度减去以后可能的腐蚀减薄量,此时式(9)中的 $(\varphi_c \delta_e)/(D_i + \delta_e)$、式(10)中的 $(\varphi_c \delta_e)/(D_o - \delta_e)$ 应以最小值代入。此外,由式(9)、式(10)算得的最高允许工作压力还应满足第13章孔的补强要求。

6.4 承受内压力管子

6.4.1 厚度计算

直管的理论计算厚度按式(12)计算:

$$\delta_c = \frac{p d_o}{2[\sigma] + p} \qquad\qquad \text{……………………………………（ 12 ）}$$

用钢管弯成的弯管,弯管外侧的理论计算厚度 δ_{bc} 按式(13)计算:

$$\delta_{bc} = K_1 \delta_c \qquad\qquad\qquad \text{……………………………………（ 13 ）}$$

式中弯管形状系数 K_1 按式(14)计算:

$$K_1 = \frac{4R + d_o}{4R + 2d_o} \qquad\qquad \text{……………………………………（ 14 ）}$$

直管的名义厚度应满足:

$$\delta \geqslant \delta_c + C \qquad\qquad\qquad \text{……………………………………（ 15 ）}$$

由钢管弯成的弯管,弯管的名义厚度应满足:

$$\delta \geqslant \delta_{bc} + C \qquad\qquad\qquad \text{……………………………………（ 16 ）}$$

6.4.2 校核计算时,直管最高允许工作压力按式(17)计算:

$$[p] = \frac{2\varphi_w [\sigma] \delta_e}{d_o - \delta_e} \qquad\qquad \text{……………………………………（ 17 ）}$$

δ_e 按式(18)计算:

$$\delta_e = \delta - C \qquad\qquad\qquad \text{……………………………………（ 18 ）}$$

δ_e 可取实际最小厚度减去腐蚀减薄值。

弯管最高允许计算压力 $[p]_w$ 按式(19)计算:

$$[p]_w = \frac{2\varphi_w [\sigma] \delta_{be}}{K_1 d_o - \delta_{be}} \qquad\qquad \text{……………………………………（ 19 ）}$$

弯管外侧的有效厚度 δ_{be} 按式(20)计算:

$$\delta_{be} = \delta - C \qquad\qquad\qquad \text{……………………………………（ 20 ）}$$

带弯管的管子的最高允许工作压力应取式(17)和式(19)中的较小值。

6.5 立式锅炉大横水管

立式锅炉大横水管(D_i 为 102 mm～300 mm)名义厚度和最高允许工作压力按式(21)、式(22)计算:

$$\delta \geqslant \frac{p D_i}{44} + 3 \qquad\qquad \text{……………………………………（ 21 ）}$$

$$[p] = \frac{44(\delta - 3)}{D_i} \qquad\qquad \text{……………………………………（ 22 ）}$$

6.6 减弱系数及焊接接头系数

6.6.1 式(4)和式(7)中的最小减弱系数 φ_{min} 取纵向焊接接头系数 φ_w、纵向孔桥减弱系数 φ、两倍横向

孔桥减弱系数 $2\varphi'$（当 $2\varphi'>1$ 时，取 $2\varphi'=1.00$）及斜向孔桥当量减弱系数 φ_d（当 $\varphi_d>1$ 时，取 $\varphi_d=1.00$）中的最小值。若孔桥位于焊缝上，应按 6.9.3 有关规定处理。

6.6.2 按锅炉制造技术条件检验合格的焊缝，其焊接接头系数 φ_w 按 GB/T 16508.1 选取。若环向焊缝上无孔，则环向焊接接头系数可不予考虑。

6.6.3 孔排中若相邻两孔的节距（纵向、横向或斜向）不小于按式（23）计算的值时，孔桥减弱系数可不必计算。

$$s_0 = d_m + 2\sqrt{(D_i+\delta)\delta} \qquad (23)$$

式中 d_m 按式（29）确定。

6.6.4 相邻两孔的节距小于按式（23）确定的 s_0 值，且两孔直径均不大于按 13.3.6 确定的未补强孔最大允许直径时，应按 6.6.6～6.6.12 的规定计算孔桥减弱系数。

若孔排中相邻两孔中的一孔大于按 13.3.6 确定的未补强孔最大允许直径，应在满足 13.7.2 所要求的条件下，按 13.3.7～13.3.9 的规定按单孔进行补强。补强后按无孔处理。

若相邻两孔均需要补强，其节距不应小于其平均直径的 1.5 倍。

当相邻两孔均需要补强时，补强计算除符合 13.3.7～13.3.9 的规定以外，还应符合以下要求：

 a) 加厚管接头的高度应为厚度的 2.5 倍；

 b) 加厚管接头的焊脚尺寸应等于加厚管接头的厚度；

 c) 若两孔的节距小于两孔直径之和，导致它们的有效补强范围重叠，应按两孔总的补强面积不小于各孔单独所需补强面积之和的方法进行补强，重叠部分补强面积不能重复计算。

6.6.5 对于立式锅炉筒体上的加煤孔、出渣孔等，均应按 13.3.7～13.3.9 的规定进行补强，补强后按无孔处理。加煤孔圈、出渣孔圈等最小需要厚度按 13.4.4 确定。

6.6.6 等直径纵向相邻两孔（图 1）的孔桥减弱系数按式（24）计算：

$$\varphi = \frac{s-d}{s} \qquad (24)$$

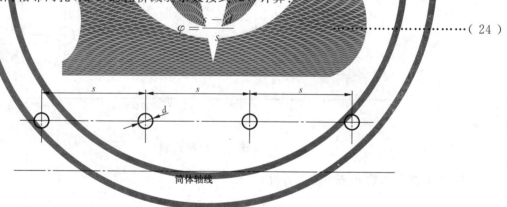

图 1 纵向孔桥

6.6.7 等直径横向相邻两孔（图 2）的孔桥减弱系数按式（25）计算：

$$\varphi' = \frac{s'-d}{s'} \qquad (25)$$

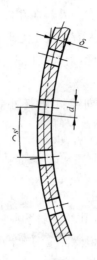

图 2 横向孔桥

6.6.8 等直径斜向相邻两孔(图 3)的孔桥当量减弱系数按式(26)计算:

$$\varphi_d = K\varphi''$$ ……………………………………(26)

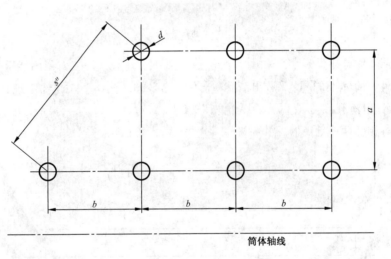

图 3 斜向孔桥

斜向孔桥换算系数 K 按式(27)计算:

$$K = \frac{1}{\sqrt{1 - \dfrac{0.75}{(1+n^2)^2}}}$$ ………………………………(27)

当 $n \geqslant 2.4$ 时,可取 $K = 1$,此时 $\varphi_d = \varphi''$。

斜向孔桥减弱系数 φ'' 按式(28)计算:

$$\varphi'' = \frac{s'' - d}{s''}$$ ………………………………(28)

式中:$s'' = a\sqrt{1+n^2}$;当 $\varphi_d > 1$ 时,取 $\varphi_d = 1.00$;φ_d 也可按线算图(图 4)直接查取。

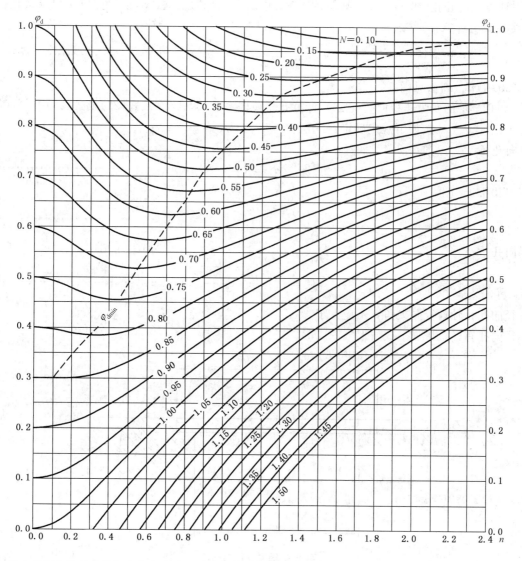

注：图中虚线为各条曲线极小值的连线。

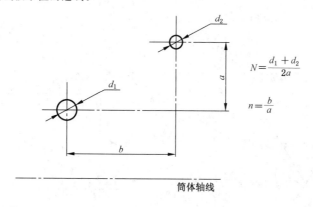

图 4 确定 φ_{d} 值的线算图

6.6.9 若相邻两孔直径不同,在计算孔桥减弱系数时,式(24)、式(25)及式(28)中的直径 d 取相邻两孔的平均值 d_{m},即:

$$d_{m} = \frac{d_{1} + d_{2}}{2} \qquad\qquad \cdots\cdots\cdots\cdots\cdots\cdots (29)$$

6.6.10 计算凹座开孔(图5)的孔桥减弱系数时,式(24)、式(25)及式(28)中的直径 d 以当量直径 d_e 代入,d_e 按式(30)计算:

$$d_e = d_1 + \frac{h}{\delta}(d_1' - d_1) \quad\cdots\cdots\cdots\cdots\cdots\cdots\cdots\cdots\cdots (30)$$

式(30)中 d_1、d_1' 参见图5。

6.6.11 如孔排中的孔为非径向孔(图6),计算孔桥减弱系数时,式(24)、式(25)及式(28)中的直径 d 以当量直径 d_e 代入,d_e 按如下规定确定:

纵向孔桥

$$d_e = d \quad\cdots\cdots\cdots\cdots\cdots\cdots\cdots\cdots\cdots (31)$$

横向孔桥

$$d_e = \frac{d}{\cos\alpha} \quad\cdots\cdots\cdots\cdots\cdots\cdots\cdots\cdots\cdots (32)$$

斜向孔桥

$$d_e = d\sqrt{\frac{n^2+1}{n^2+\cos^2\alpha}} \quad\cdots\cdots\cdots\cdots\cdots\cdots\cdots\cdots (33)$$

非径向孔孔轴与径向夹角 α 不应大于 $45°$。

非径向孔宜经机械加工或仿形气割成形。

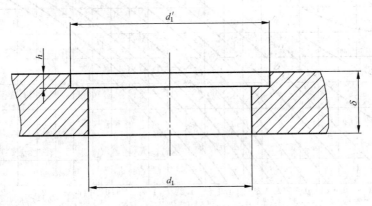

图5　具有凹座的孔

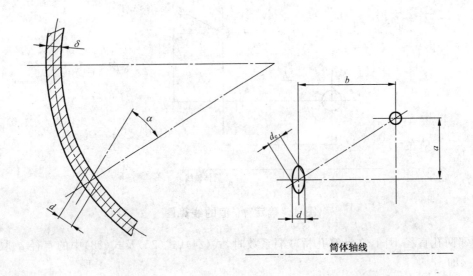

图6　非径向孔

6.6.12 对于椭圆孔,计算孔桥减弱系数时,孔径 d 按该孔沿相应节距方向上的尺寸确定。

6.7 附加厚度

6.7.1 锅壳筒体的厚度附加量 C 按式(34)计算:

$$C = C_1 + C_2 + C_3 \qquad\qquad\qquad (34)$$

腐蚀裕量与水侧的含氧量相关,也与烟气侧的含硫量相关,并与锅炉的设计寿命相关,腐蚀裕量的附加厚度 C_1 一般取 0.5 mm,对厚度超过 20 mm 的元件,腐蚀裕量可取 0 mm,若腐蚀减薄量超过 0.5 mm,则取实际可能的腐蚀减薄值。

制造减薄量的附加厚度 C_2 应根据具体工艺情况而定:一般情况下,冷卷后冷校的锅壳筒体,可取为零;冷卷后热校的锅壳筒体,可取为 1 mm;热卷后热校的锅壳筒体,可取为 2 mm。

钢材厚度负偏差(为负值时)的附加厚度 C_3 按有关材料标准确定。

6.7.2 集箱筒体的附加厚度

6.7.2.1 设计计算时,集箱筒体的厚度附加量按式(38)计算。

对于由钢管制成的直集箱筒体,C_1 按 6.7.1 原则处理,C_2 取为零,C_3 按式(35)计算:

$$C_3 = \frac{m}{100 - m}(\delta_c + C_1) \qquad\qquad\qquad (35)$$

对于由钢管弯成的圆弧形集箱筒体,C_1 按 6.7.1 原则处理,C_2、C_3 分别按式(36)和式(37)计算:

$$C_2 = \frac{\delta_c}{(4n_1 - 1)(3n_1 + 1)} \qquad\qquad\qquad (36)$$

式中 n_1 为集箱中心线的弯曲半径与集箱筒体外径的比值,当 $n_1 \geq 4.5$ 时,按直集箱处理。

$$C_3 = \frac{m}{100 - m}(\delta_c + C_1 + C_2) \qquad\qquad\qquad (37)$$

6.7.2.2 校核计算时,集箱筒体的厚度附加量 C 按式(38)计算:

$$C = C_1 + C_2 + C_3 \qquad\qquad\qquad (38)$$

对于由钢管制成的直集箱筒体,C_1 按 6.7.1 原则处理,C_2 取为零,C_3 按式(39)计算:

$$C_3 = \frac{m}{100}\delta \qquad\qquad\qquad (39)$$

对于由钢管弯成的圆弧形集箱筒体,C_1 按 6.7.1 原则处理,C_3 按式(39)计算。C_2 按式(40)计算:

$$C_2 = \frac{\delta - C_1 - C_3}{2n_1(4n_1 + 1)} \qquad\qquad\qquad (40)$$

式中 n_1 为弯管中心线半径与管子外径的比值。

6.7.3 承受内压力管子的附加厚度

6.7.3.1 设计计算时,管子的厚度附加量按式(38)计算。

对于直水管,C_1 按 6.7.1 原则处理,对换热管 C_1 取零,C_2 取为零,C_3 按式(41)计算:

$$C_3 = \frac{m}{100 - m}(\delta_c + C_1) \qquad\qquad\qquad (41)$$

对于由钢管弯成的弯管,C_1 按 6.7.1 原则处理,对换热管 C_1 取零,C_2、C_3 分别按式(42)和式(44)计算:

$$C_2 = \frac{\alpha_1}{100 - \alpha_1}(\delta_{bc} + C_1) \qquad\qquad\qquad (42)$$

式中弯管工艺系数 α_1 按式(43)计算:

$$\alpha_1 = \frac{25d_o}{R} \quad\quad\quad\quad\cdots\cdots\cdots\cdots\cdots\cdots\cdots（43）$$

当弯管外侧厚度实际制造工艺减薄率 b_1 大于计算所得的 a_1 值时，a_1 值应取弯管外侧厚度实际制造工艺减薄率值。

$$C_3 = \frac{m}{100-m}(\delta_{bc} + C_1 + C_2) \quad\quad\cdots\cdots\cdots\cdots\cdots（44）$$

6.7.3.2 校核计算时，管子的厚度附加量 C 按式(38)计算。

对于直管，C_1 按 6.7.1 原则处理，对换热管 C_1 取零，C_2 取为零，C_3 按式(39)计算。

对于由钢管弯成的弯管，C_1 按 6.7.1 原则处理，对换热管 C_1 取零，C_3 按式(39)计算，C_2 按式(45)计算：

$$C_2 = \frac{\alpha_1}{100}(\delta - C_3) \quad\quad\quad\quad\cdots\cdots\cdots\cdots\cdots\cdots\cdots（45）$$

6.8 厚度限制

6.8.1 锅壳内径 D_i 大于 1 000 mm 时，锅壳筒体的名义厚度不宜小于 6 mm；锅壳内径 D_i 不大于 1 000 mm 时，锅壳筒体的名义厚度不宜小于 4 mm。

6.8.2 立式锅炉大横水管的名义厚度不宜小于 6 mm。

6.8.3 不绝热的锅壳置于烟温不小于 600 ℃的烟道或炉膛内时，名义厚度不应大于表 5 所列数值。

表 5 不绝热锅壳的最大允许厚度　　　　　　　　　　　单位为毫米

工作条件	最大允许厚度
在烟温大于 900 ℃的烟道或炉膛内	26
在烟温为 600 ℃~900 ℃之间的烟道内	30

6.8.4 对于额定压力大于 2.5 MPa 的锅炉，不绝热集箱筒体的厚度不应大于 30 mm。

6.8.5 对于额定压力不大于 2.5 MPa 的锅炉，不绝热集箱和防焦箱筒体的厚度不应大于表 6 所规定的值。

表 6 不绝热集箱和防焦箱筒体的最大允许厚度　　　　　　单位为毫米

工 作 条 件	最大允许壁厚
在烟温大于 900 ℃的烟道或炉膛内	15
在烟温为 600 ℃~900 ℃之间的烟道内	20

6.9 结构要求

6.9.1 对于胀接管孔，孔桥减弱系数 φ、φ' 及 φ'' 均不应小于 0.3；胀接管孔中心与焊缝边缘的距离不应小于 $0.8d$，且不小于 $0.5d + 12$ mm；在纵焊缝上不得有胀接管孔，若需在环缝上开胀接管孔应符合 TSG G0001《锅炉安全技术监察规程》的要求。

6.9.2 胀接管子的锅筒(壳)的厚度应不小于 12 mm。胀接管孔间的净距离不应小于 19 mm。外径大于 63.5 mm 的管子不宜采用胀接。

6.9.3 焊接管孔应尽量避免开在主焊缝上，并避免管孔焊缝边缘与相邻主焊缝边缘的净间距小于 10 mm。如不能避免时，应满足下列要求：

　　a) 距管孔中心 1.5 倍管孔直径(当管孔直径小于 60 mm 时，为 $0.5d + 60$mm)范围内的主焊缝经

射线或者超声波检测合格,且孔周边不应有夹渣缺陷;

b) 管子或管接头焊后经热处理或局部热处理消除残余应力。

此时,该部位的减弱系数取孔桥减弱系数与焊接接头系数的乘积。

相邻焊接管孔焊缝边缘的净间距不宜小于 6 mm,如焊后经热处理或局部热处理,则不受此限。

6.9.4 锅壳筒体与扳边的平管板或凸形封头的连接型式如图 7 所示。

6.9.5 锅壳筒体与平管板采用坡口型角焊连接时,应符合如下规定:

a) 锅炉的额定压力应不大于 2.5 MPa;

b) 烟温不大于 600 ℃部位(不受烟气冲刷部位,且采用可靠绝热时,可不受此限);

c) 应采用全焊透,且坡口经过机械加工(参见图 8),坡口段厚度不需强度校核;

d) 卧式内燃锅炉锅壳、炉胆的管板与筒体的连接应当采用插入式的结构;

e) 连接焊缝的厚度应不小于管板的厚度,且其焊缝背部能封焊的部位均应封焊,不能封焊的部位应采用氩弧焊打底,并应保证焊透;

f) 焊缝应按 NB/T 47013(JB/T 4730)的有关要求进行超声检测;

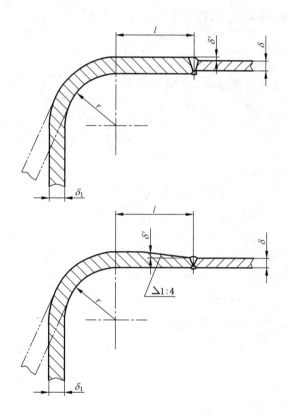

说明:

当扳边元件内径小于或等于 600 mm 时,直段长度应大于或等于 25 mm;

当扳边元件内径大于 600 mm 时,直段长度应大于或等于 38 mm;

对接边缘厚度偏差 δ' 应当小于或等于 $(0.1\delta_1+1)$,且小于或等于 4 mm;

对扳边内半径 r:平板或管板见 9.3.11;碟形封头见 8.4.7;

当 δ' 超过规定值时,应进行削薄,削薄长度不应小于削薄厚度的 4 倍。

图 7 锅壳筒体与扳边的平管板或凸形封头的连接

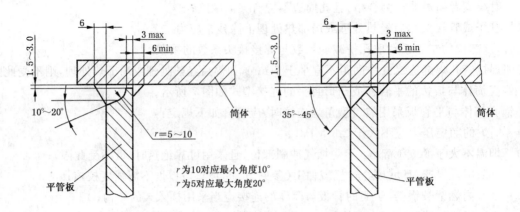

图 8 锅壳筒体与平管板连接的坡口型角焊结构（参考图）

7 承受外压力的圆筒形炉胆、冲天管、烟管和其他元件

7.1 范围

本章计算公式适用于承受外压不超过 2.5 MPa 的炉胆、回燃室、冲天管、烟管等圆筒形元件的设计计算方法和结构要求。

7.2 符号和单位

D_i ——炉胆内径，mm；

D_m ——炉胆平均直径，波形炉胆平直部分的平均直径，mm；

D_o ——炉胆外径，mm；

E^t —— 计算温度时的弹性模量，MPa；

h_o ——炉胆顶外高度，mm；

I_1 ——波纹截面对其自身中性轴的惯性矩，mm⁴；

I_2 ——加强圈对其自身中性轴的惯性矩，mm⁴；

I_3 ——膨胀环对其自身中性轴的惯性矩，mm⁴；

I'、I''、I''' ——所需要的惯性矩，mm⁴；

l ——扳边元件直段长度，mm；

L ——炉胆的计算长度，mm；

n_1 ——强度安全系数；

n_2 ——稳定安全系数；

R_o ——波形炉胆的波纹外半径，mm；

R ——波纹炉胆的波纹中半径，mm；

r ——波形炉胆的波纹内半径，mm；

s ——波形炉胆的波纹节距，mm；

u ——卧式平直炉胆圆度百分率；

W ——波形炉胆的波纹深度，mm；

X —— 平炉胆计算长度的增值；

α ——中性轴 $x-x$ 与通过圆心的轴线 x_0-x_0 的距离，mm；

α' ——半夹角，rad（弧度）；

δ ——受压元件名义厚度，mm；

δ_c ——受压元件理论计算厚度，mm；

δ_{min} ——受压元件最小成品厚度，mm；

δ_s ——受压元件设计厚度，mm；

δ_e ——受压元件有效厚度，mm；

φ_{min} ——最小减弱系数。

7.3 圆筒形炉胆

7.3.1 平直炉胆

7.3.1.1 卧式平直炉胆设计厚度按式（46）～式（48）计算，取两者较大值。

$$\delta_s = \frac{B}{2}\left[1+\sqrt{1+\frac{0.12D_m\mu}{B\left(1+\frac{D_m}{0.3L}\right)}}\right]+1 \quad\text{（46）}$$

式中：

$$B = \frac{pD_m n_1}{2R_m^t\left(1+\frac{D_m}{15L}\right)} \quad\text{（47）}$$

或

$$\delta > D_m\left(\frac{pLn_2}{1.73E^t}\right)^{0.4}+1 \quad\text{（48）}$$

式中，L 为炉胆计算长度；n_1 为炉胆强度安全系数；n_2 为炉胆稳定安全系数，n_1、n_2 按表8选取。

7.3.1.2 校核计算时，卧式平直炉胆的最高允许工作压力按式（49）、式（50）计算，取两者较小值。

$$[p] = \frac{2R_m^t(\delta-1)}{n_1 D_m}\cdot\frac{1+\frac{D_m}{15L}}{1+\frac{0.03D_m\mu}{(\delta-1)\left(1+\frac{D_m}{0.3L}\right)}} \quad\text{（49）}$$

$$[p] = \frac{1.73E^t(\delta-1)^{2.5}}{LD_m^{1.5}n_2} \quad\text{（50）}$$

式中，L 为炉胆计算长度；n_1 为炉胆强度安全系数；n_2 为炉胆稳定安全系数，n_1、n_2 按表8选取。

7.3.1.3 立式平直炉胆的设计厚度和最高允许工作压力按式（51）、式（52）计算：

$$\delta_s = 1.5\frac{pD_i}{\varphi_{min}R_m}\left[1+\sqrt{1+\frac{4.4L}{p(L+D_i)}}\right]+2 \quad\text{（51）}$$

$$[p] = \frac{\varphi_{min}R_m(\delta-2)}{1.5D_i\left[\frac{6.6LD_i}{\varphi_{min}R_m[L+D_i][\delta-2]}+2\right]} \quad\text{（52）}$$

7.3.1.4 立式平直炉胆上布置孔排时，最小减弱系数按以下规定确定：

a) 多横水管锅炉（图9）、水冷炉排锅炉（图10）的 $\varphi_{min}=1.00$，但 α 不应大于 $45°$，非径向孔宜经机械加工或仿形气割成形，两侧边缘管孔的焊缝尺寸应满足图40（拉撑管与平管板的连接）要求；

b) 弯水管锅炉（图11）的 φ_{min} 按7.3确定（带有冲天管时，取横向减弱系数 $\varphi'=1.00$）；如采用坡口型角焊，可按13.7的规定考虑管接头和焊缝对开孔的补强。

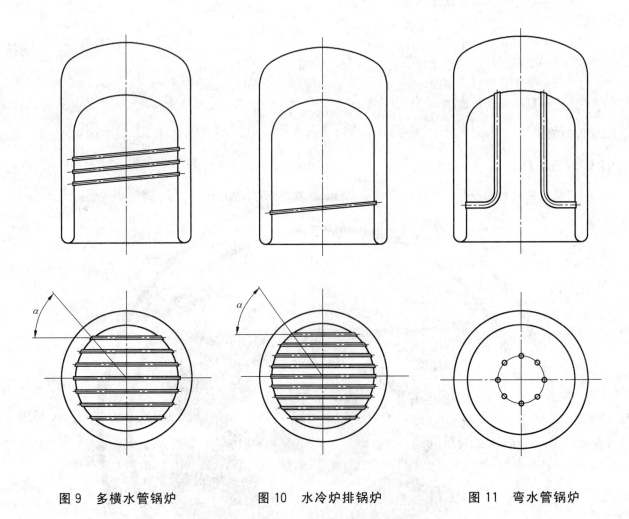

图 9　多横水管锅炉　　　　图 10　水冷炉排锅炉　　　　图 11　弯水管锅炉

7.3.1.5 炉胆的计算长度 L 按以下规定确定：

　　a)　炉胆与平管板或凸形封头连接处，若是扳边对接焊时，以扳边起点作为计算支点，即 L 的起算点；若是坡口型角焊时，以角焊根部作为计算支点；

　　b)　平直炉胆用膨胀环连接时，以膨胀环中心线作为计算支点(图 19)；

　　c)　平直炉胆上焊以加强圈时，以加强圈横向中心线作为计算支点(图 18)；

　　d)　立式锅炉平直炉胆在环向装有拉杆时，如拉杆的节距不超过炉胆厚度的 14 倍，可取这一圈拉杆的中心线作为计算支点，拉杆直径不应小于 18 mm；

　　e)　立式锅炉平直炉胆与凸形炉胆顶相连时，计算支点如图 12 所示，其中 X 值按表 7 选取。

表 7　X 值

$h_\circ/D_\circ$	0.17	0.20	0.25	0.30	0.40	0.50
$X/D_\circ$	0.07	0.08	0.10	0.12	0.16	0.20
注：相邻两个数值间的 $X/D_\circ$ 采用算术内插法确定，数值保留到小数点后二位。						

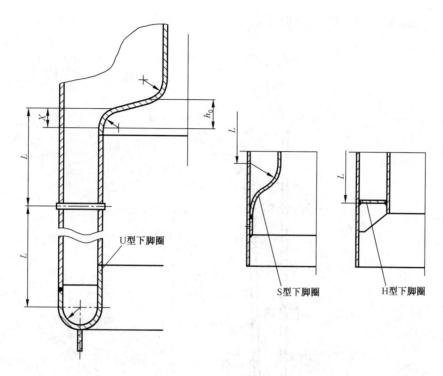

图 12　立式锅炉平直炉胆计算长度 L 的起算点

7.3.1.6　对于有锥度的平直炉胆(图 13),内径 D_i 取 D_i' 与 D_i'' 之和的一半。

7.3.1.7　卧式平直炉胆的圆度百分率 u 按式(53)计算:

$$u = \frac{200(D_{o\,max} - D_{o\,min})}{D_{o\,max} + D_{o\,min}} \quad \cdots\cdots\cdots\cdots\cdots\cdots\cdots\cdots\cdots (53)$$

也可取 $u = 1.2$。

7.3.1.8　卧式平直炉胆强度安全系数 n_1 与稳定安全系数 n_2 按表 8 选取。

表 8　安全系数 n_1、n_2

锅炉级别	n_1	n_2
$p \leqslant 0.38$ MPa,且 $pD_m \leqslant 480$ MPa·mm	3.5	3.9
其他情况	2.5	3.0

7.3.1.9　计算温度 t_c 时的屈服点 σ_s^t 按 GB/T 16508.2 确定。

7.3.1.10　材料的弹性模量 E^t 按表 9 确定。

表 9　材料的弹性模量 E^t

计算温度 t_c ℃	250	300	350	400	450
弹性模量 E^t MPa	195×10^3	191×10^3	186×10^3	181×10^3	178×10^3

注:相邻两数值间的 E^t 值采用算术内插法确定。

7.3.1.11　立式平直炉胆上的加煤孔、出渣孔等，均应按13.3的规定进行补强，补强后按无孔处理。

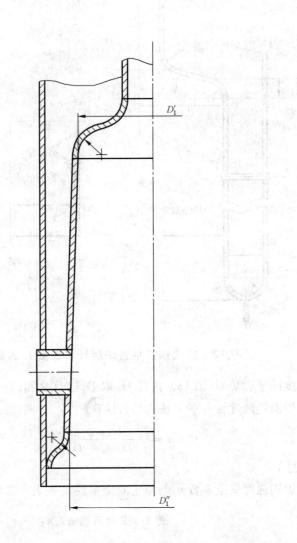

图 13　带有锥度的平直炉胆

7.3.2　波形炉胆

7.3.2.1　波形炉胆的设计厚度按式(54)计算：

$$\delta_s = \frac{pD_o}{2[\sigma]} + 1 \qquad\qquad\qquad\cdots\cdots\cdots\cdots\cdots\cdots\cdots\cdots\cdots\cdots(54)$$

7.3.2.2　校核计算时，最高允许工作压力按式(55)计算：

$$[p] = \frac{2(\delta - 1)[\sigma]}{D_o} \qquad\qquad\qquad\cdots\cdots\cdots\cdots\cdots\cdots\cdots\cdots\cdots\cdots(55)$$

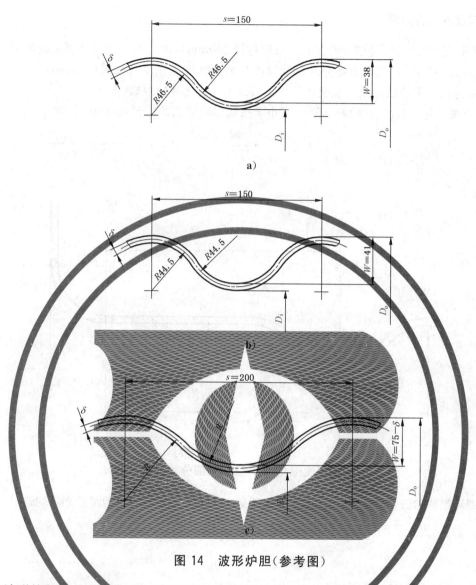

图 14　波形炉胆（参考图）

7.3.2.3 波形炉胆彼此连接处,各自平直部分的长度不应超过 125 mm(图 15)。

7.3.2.4 波形炉胆与平管板或凸形封头连接处的平直部分长度不应超过 250 mm,否则,按 7.3.3.1
处理。

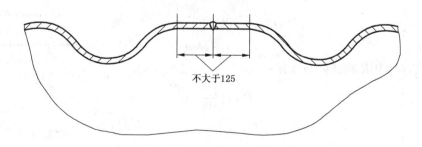

不大于125

图 15　波形炉胆连接处平直部分尺寸

7.3.3 平直与波形组合炉胆

7.3.3.1 对于平直与波形组合炉胆(平直部分长度超过250mm),波形部分的设计厚度及最高允许计算压力按式(54)、式(55)计算;而平直部分的设计厚度与最高允许工作压力按式(46)～式(50)计算,其计算长度 L 取最边缘一节波纹的中心线至计算支点[7.3.1.5a)]之间的距离(图16)。

同时,要求最边缘一节波纹的惯性矩 I_1 不小于按式(56)算出的需要惯性矩 I',即:

$$I_1 \geqslant I' = \frac{pL_2D_m^3}{1.33 \times 10^6} \quad\quad\quad\quad\quad\quad\quad (56)$$

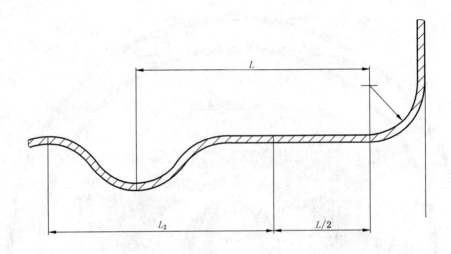

图16 平直与波形组合炉胆平直部分的计算长度 L

由扇形圆环组成的波形炉胆中一节波纹对其自身中性轴 $x—x$(图17)的惯性矩 I_1 按式(57)计算:

$$I_1 = \frac{R_o^4 - r^4}{4}[2\alpha' + \sin(2\alpha')] - \frac{8}{3}\alpha(R_o^3 - r^3)\sin\alpha' + 2\alpha^2(R_o^2 - r^2)\alpha'$$

$$\quad\quad\quad\quad\quad\quad\quad\quad\quad\quad\quad\quad\quad\quad\quad\quad (57)$$

式(57)中 R、r、α'、α 分别按式(58)～式(61)计算:

$$R_o = R + \frac{\delta}{2} \quad\quad\quad\quad\quad\quad\quad\quad\quad (58)$$

$$r = R - \frac{\delta}{2} \quad\quad\quad\quad\quad\quad\quad\quad\quad (59)$$

$$\alpha' = \arcsin\left(\frac{s}{4R}\right) \quad\quad\quad\quad\quad\quad\quad (60)$$

$$\alpha = R\cos\alpha' \quad\quad\quad\quad\quad\quad\quad\quad\quad (61)$$

式(58)～式(61)中 R 按式(62)计算:

$$R = \frac{S_2}{16W} + \frac{W}{4} \quad\quad\quad\quad\quad\quad\quad\quad (62)$$

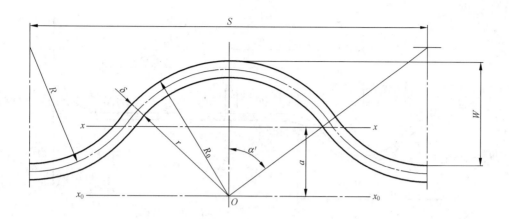

图 17　波纹几何特性

常用波纹(图 14)对其自身中性轴的惯性矩 I_1 如表 10 所示。

表 10　波纹截面对其自身中性轴的惯性矩 I_1　　　　　　　$10^4\ \text{mm}^4$

图序号		δ/mm												
		10	11	12	13	14	15	16	17	18	19	20	21	22
图 14a)	节距 150 波深 38	31.8	35.6	39.5	43.5	47.7	52	56.5	61	65.9	70.9	76.1	81.5	87.2
图 14b)	节距 150 波深 41	37.6	42.1	46.7	51.4	56.2	61.2	66.3	71.7	77.2	82.9	88.8	94.5	101.3
图 14c)	节距 200 波深 $75-\delta$	129.2	138.7	147.5	155.7	163.3	170.3	176.8	182.9	188.4	193.5	198.3	202.7	206.8
注：表中给出的 I_1 值已考虑了厚度减薄量,例如,对于 $\delta=10\ \text{mm}$,I_1 值是按 9 mm 计算的。														

7.3.3.2　如式(56)未能满足,可在炉胆平直部分设置加强圈(图 18)用以减小 L_2,以满足式(56)的要求。

7.3.4　加强圈与膨胀环

7.3.4.1　加强圈截面对其自身中性轴的惯性矩 I_2,按式(63)计算:

$$I_2 = \frac{\delta_J h_J^3}{12} \qquad\qquad \cdots\cdots\cdots\cdots\cdots\cdots\cdots\ (\ 63\ )$$

其中 δ_J 为加强圈厚度(参照图 22);

h_J 为加强圈高度(参照图 22)。

它不应小于按式(64)算出的需要惯性矩 I'',即:

$$I_2 \geqslant I'' = \frac{p L_0 D_m^3}{1.33 \times 10^6} \qquad\qquad \cdots\cdots\cdots\cdots\cdots\cdots\cdots\ (\ 64\ )$$

式(64)中承压计算长度 L_0 按各计算支点均分原则处理,例如对图 18 中加强圈,L_0 为 L_1 与 L 之和的一半。

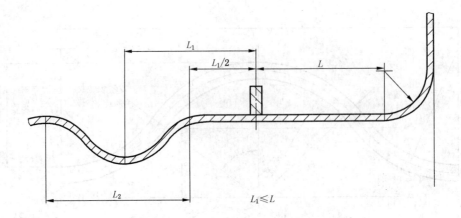

图 18　炉胆平直部分设置加强圈

7.3.4.2　膨胀环(图 19)截面对其自身中性轴的惯性矩 I_3 如表 11 所示,它不应小于按式(65)算出的需要惯性矩 I''',即:

$$I_3 \geqslant I'' = \frac{p L_0 D_m^3}{1.33 \times 10^6}　\cdots\cdots\cdots\cdots\cdots\cdots\cdots\cdots\cdots\cdots（65）$$

式(65)中承压计算长度 L_0 按 7.3.4.1 所述原则处理。

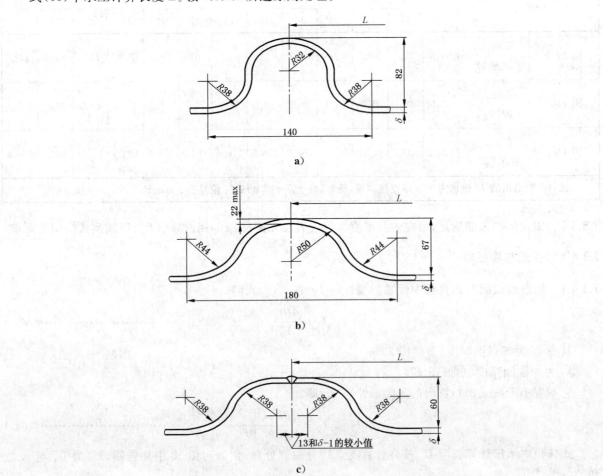

图 19　膨胀环(参考图)

表 11 膨胀环对其自身中性轴的惯性矩 I_3

图序号	δ mm												
	10	11	12	13	14	15	16	17	18	19	20	21	22
	I_3 $10^4\ mm^4$												
图 19a)	189	210	231	252	273	295	317	339	361	384	407	430	454
图 19b)	130	144	159	174	190	204	220	236	252	268	284	301	318
图 19c)	114	128	141	155	170	186	204	222	241	260	280	301	322

注：表中给出的 I_3 值已考虑了厚度减薄量，例如，对于 $\delta=10\ mm$，I_3 值是按 9 mm 计算的。

7.3.5 结构要求

7.3.5.1 平直或波形炉胆的内径 D_i 不应大于 1 800 mm。

7.3.5.2 平直或波形炉胆的名义厚度不应小于 8 mm，且不应大于 22 mm；当炉胆内径不大于 400 mm 时，其名义厚度应不小于 6 mm。

7.3.5.3 卧式平直炉胆计算长度一般不宜超过 2 000 mm，如炉胆两端均为扳边连接，则计算长度可放大至 3 000 mm。超过上述规定时，应采用膨胀环或波形炉胆来提高柔性，此时，波纹部分的长度应不小于炉胆全长的 1/3。

7.3.5.4 平直炉胆与波形炉胆的连接结构如图 20 所示。平直炉胆与波形炉胆的波纹顶部、底部或中部对齐均可。

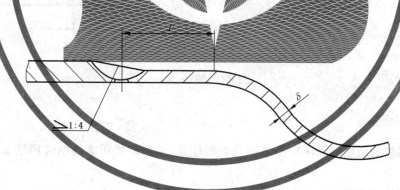

说明：l 见图 7。

图 20 波形炉胆与平直炉胆的连接

7.3.5.5 卧式炉胆与平管板或凸形封头的连接结构如图 21 所示。如采用坡口型角焊连接，应按 6.9.5 的规定处理。

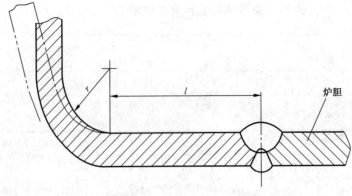

说明：l 见图 7，r 见 9.3.11。

图 21　卧式炉胆与平管板或凸形封头的连接

7.3.5.6　加强圈的厚度 δ_J 应不小于 δ，但不大于 2δ 或 22 mm[见图 22a)]。如大于 22 mm，应将底部削薄，削薄后的根部厚度不应大于 22 mm[见图 22b)]。加强圈高度 h_J 应不大于 $6\delta_J$。加强圈与炉胆的焊接应采用全焊透型（图 22）。

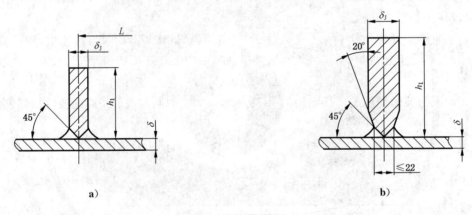

图 22　加强圈

7.4　圆筒形湿背回燃室

7.4.1　卧式内燃锅炉的回燃室筒体按卧式平直炉胆计算，如为焊接所需而削薄两端部时，削薄部分厚度无需另行计算。

7.4.2　回燃室筒体的名义厚度应不大于 35 mm，且不应小于 10 mm。

7.5　冲天管

7.5.1　立式锅炉冲天管的设计厚度和最高允许工作压力按式（51）、式（52）计算，取 $\varphi_{min}=1.00$；对于蒸汽锅炉，附加厚度由 2 mm 增至 4 mm。

7.5.2　冲天管计算长度 L 按 7.3.1.5a)处理。

7.6　烟管

7.6.1　承受外压力烟管（包括螺纹管）的名义厚度和最高允许工作压力按式（66）计算或按表 12，取其中的较大值：

$$\delta \geqslant \frac{pd_o}{2[\sigma]} + C \quad\quad\quad\quad\cdots\cdots\cdots\cdots\cdots\cdots（66）$$

表 12 管子的最小公称厚度

单位为毫米

公称外径	名义厚度
$d_o \leqslant 25$	2
$25 < d_o \leqslant 76$	2.5
$76 < d_o \leqslant 89$	3
$89 < d_o \leqslant 133$	3.5

校核计算时,最高允许工作压力按式(67)计算:

$$[p] = \frac{2[\sigma](\delta - C)}{d_o} \quad\quad\quad\quad\quad\quad\quad\quad\quad (67)$$

式(66)中的 C 和式(67)中的 C 分别按 6.7.3.1 和 6.7.3.2 处理。

8 凸形封头、炉胆顶、半球形炉胆和凸形管板

8.1 范围

本章规定了承受内压或外压的凸形封头(包括椭球形、半球形、蝶形等)、炉胆顶、凸形管板(包括椭球形、拱形等)等元件的设计计算方法和结构要求。

8.2 符号和单位

C —— 厚度附加量,mm;

C_1 —— 受压元件腐蚀裕量,mm;

C_2 —— 受压元件制造减薄量,mm;

C_3 —— 受压元件钢材厚度负偏差,mm;

D_i —— 封头内径,mm;

D_{ie} —— 拱形管板当量内径,mm;

D'_{ie} —— 拱形管板当量内径,mm;

d —— 开孔直径,扳边孔或焊接圈的内径,椭圆孔在相应节距方向上的尺寸,mm;

h_i —— 凸形封头的内高,mm;

R_i —— 碟形封头内曲率半径,mm;

r —— 扳边内半径,mm;

S_{min} —— 封头上两相邻管孔中心线与厚度中线交点的最小展开尺寸,mm;

Y —— 形状系数;

α —— 孔的轴线偏离凸形元件法线的角度,(°);

δ —— 受压元件名义厚度,mm;

δ_c —— 受压元件理论计算厚度,mm;

δ_e —— 受压元件有效厚度,mm;

φ —— 减弱系数;

φ_w —— 焊接接头系数;

φ_1 —— 凸形封头的孔桥减弱系数。

8.3 椭球形和半球形元件

8.3.1 承受内压的椭球形和半球形元件(图 23)的封头厚度按式(68)计算:

$$\delta \geqslant \frac{pD_iY}{2\varphi[\sigma]-0.5p}+C \qquad\qquad\qquad (68)$$

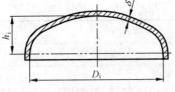

a) 椭球形无孔封头

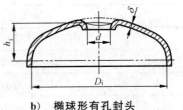

b) 椭球形有孔封头

c) 半球形封头

图 23　椭球形和半球形封头

8.3.2 校核计算时,椭球形和半球形元件的最高允许工作压力按式(69)计算:

$$[p] = \frac{2\varphi[\sigma]\delta_e}{D_iY+0.5\delta_e} \qquad\qquad\qquad (69)$$

式中 δ_e 按式(70)计算:

$$\delta_e = \delta - C \qquad\qquad\qquad (70)$$

δ_e 也可取为实际测量最小厚度减去以后可能的腐蚀减薄量。

8.3.3 式(68)、式(69)只有满足下列条件时才有效:

$$\frac{h_i}{D_i} \geqslant 0.2; \frac{\delta-C}{D_i} \leqslant 0.1; \frac{d}{D_i} \leqslant 0.7$$

其中 d 取长轴尺寸。

8.3.4 计算压力取相连元件的计算压力,计算温度按表4选取。

8.3.5 形状系数按式(71)计算:

$$Y = \frac{1}{6}\left[2+\left(\frac{D_i}{2h_i}\right)^2\right] \qquad\qquad\qquad (71)$$

8.3.6 凹面受压凸形封头的减弱系数 φ 按表13选取。

表 13　减弱系数 φ

结构型式	φ
无孔无拼接焊缝	1.00
无孔有拼接焊缝[a]	φ_w
有孔无拼接焊缝[b]	$1-\dfrac{d}{D_i}$
有孔有拼接焊缝,但二者不重合[c]	取 φ_w 和 $1-\dfrac{d}{D_i}$ 中较小者
有孔有拼接焊缝,且二者重合[c]	$\varphi_w\left[1-\dfrac{d}{D_i}\right]$
[a] 焊接接头系数 φ_w 按 GB/T 16508.1 选取。	
[b] 对于椭圆孔圈,d 取长轴内尺寸。	
[c] 接管焊缝边缘与主焊缝边缘的净距离大于 10 mm 为不重合,不大于 10 mm 为重合。	

8.3.7 对于凸面受压的炉胆顶、半球形炉胆,取减弱系数 $\varphi=1.00$。

8.3.8 如凹面受压的凸形封头有孔排时,若孔桥减弱系数:

$$\varphi_1 = \frac{S_{min} - d}{S_{min}} \quad\quad\quad\quad\quad\quad\quad\quad\quad\quad\cdots\cdots\cdots\cdots\cdots\cdots\cdots\cdots\cdots\cdots (72)$$

小于按表 13 确定的减弱系数 φ 时,则式(68)及式(69)中的 φ 用 φ_1 代入。式中,S_{min} 为两相邻管孔中心线与厚度中线交点的最小展开尺寸(mm)。

8.3.9 如凸面受压的炉胆顶上有孔排时,若按式(72)确定的 φ_1 不小于表 3 给出的炉胆顶修正系数 η 时,则不必考虑孔排的影响;若 φ_1 小于 η 时,则式(68)及式(69)中的 φ 用 φ_1 代入,与此同时,取基本许用应力修正系数 $\eta=1.00$。

8.3.10 设计计算和校核计算时的附加厚度按式(73)计算:

$$C = C_1 + C_2 + C_3 \quad\quad\quad\quad\quad\quad\quad\quad\quad\quad\cdots\cdots\cdots\cdots\cdots\cdots\cdots\cdots\cdots\cdots (73)$$

其中腐蚀减薄的附加厚度 C_1,一般取为 0.5 mm,若厚度大于 20 mm,腐蚀裕量可取为 0 mm,若腐蚀减薄量超过 0.5 mm,则取实际可能的腐蚀减薄值。考虑材料厚度下偏差(为负值时)的附加厚度 C_3 按有关材料标准确定。考虑工艺减薄的附加厚度 C_2 应根据具体工艺情况而定,一般情况下,冲压工艺减薄量可取 0.1δ。

8.3.11 封头内径 D_i 大于 1 000 mm 时,封头的名义厚度不应小于 6 mm;封头内径 D_i 不大于 1 000 mm 时,封头的名义厚度不宜小于 4 mm。炉胆顶和半球形炉胆的名义厚度不应小于 8 mm,且半球形炉胆的名义厚度也不应大于 22 mm。

8.3.12 热旋压凸形封头可按本章的规定进行计算;但旋压后封头顶端必须开工艺孔,最小孔径不小于 80 mm。

8.3.13 封头上开孔应遵守下列要求:

    a) 对于封头上的炉胆孔,两孔边缘之间的投影距离不应小于其中较小孔的直径(图 24),此时,不计孔桥的减弱;

    b) 炉胆孔边缘至封头边缘之间的投影距离不宜小于 $0.1D_i+\delta$(图 24);

    c) 位于人孔附近的小孔,应使小孔边缘与人孔扳边起点之间的距离或者与焊缝边缘之间的距离不小于 δ(图 25);

    d) 扳边孔不应开在焊缝上(图 25)。

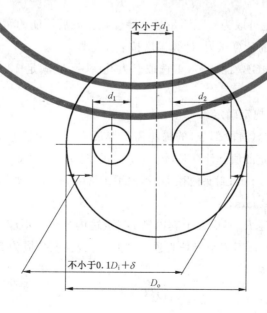

图 24 封头开孔的要求

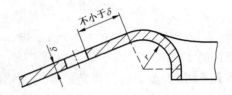

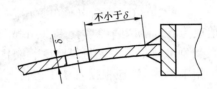

图 25   封头开孔的要求

8.3.14   为减小封头厚度而对孔进行补强时,应按 13.5 中有关规定进行补强计算。

8.4   承受内压的碟形封头

8.4.1   碟形封头(图 26)的名义厚度按式(74)计算:

$$\delta \geqslant \frac{pR_i}{2\varphi_w[\sigma]} + C \qquad\qquad\qquad (74)$$

8.4.2   校核计算时,碟形封头的最高允许工作压力按式(75)计算:

$$[p] = \frac{2\varphi_w[\sigma]\delta_e}{R_i} \qquad\qquad\qquad (75)$$

式中 δ_e 按式(70)计算,也可取为实际测量最小厚度减去以后可能的腐蚀减薄值。

8.4.3   计算压力取相连元件的计算压力,计算温度按表 4 选取。

8.4.4   焊接接头系数 φ_w 应按 GB/T 16508.1 选取。人孔、头孔应满足 13.8 要求,但不计人孔、头孔的减弱。

8.4.5   附加厚度 C 按 8.3.10 规定确定。

8.4.6   碟形封头的圆筒形部分(直段部分)的最小需要厚度不应小于按 6.3.1 所确定的值,最高允许工作压力不应大于按 6.3.3 所确定的值。计算时,$\varphi_{min}=1.00$,C 按 8.3.10 确定。封头内径 D_i 大于 1 000 mm 时,封头的名义厚度不应小于 6 mm;封头内径 D_i 不大于 1 000 mm 时,封头的名义厚度不宜小于 4 mm。炉胆顶的名义厚度不应小于 8 mm。

8.4.7   碟形封头的内曲率半径 R_i 不应大于其内径 D_i;扳边内半径 r 不应小于相连元件厚度的 4 倍,且至少应为 64 mm;扳边内半径 r' 不应小于炉胆顶厚度的 2 倍,且至少应为 25 mm(图 26)。

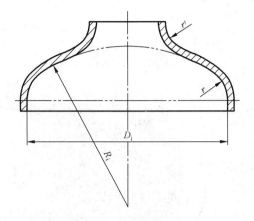

图 26 碟形封头

8.5 凸形管板

8.5.1 椭球形管板

椭球形管板厚度(图 27)按 8.3.1～8.3.11 有关规定确定,但不计烟管孔排的影响。边缘管孔中心线与管板外表面交点的法线所形成的夹角 α 不应大于 45°,管孔宜经机械加工或仿形气割成形。

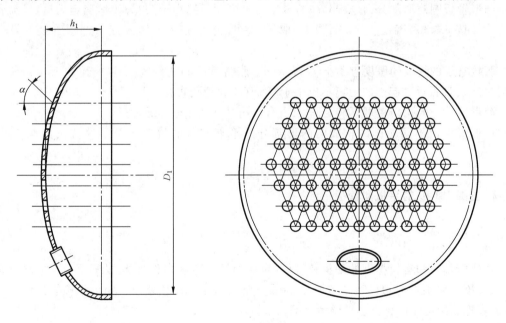

图 27 椭球形管板

8.5.2 拱形管板

8.5.2.1 拱形管板(图 28)中由不同椭圆线构成的凸形部分厚度按 8.3.1～8.3.11 有关规定确定。式(68)～式(71)中的 D_i 用当量内径 D_{ed} 代入,D_{ed} 取两倍椭圆长半轴,而长半轴近似由边缘烟管管排中心线起算,即 $D_{ed}=2\overline{a''b}$;8.3.3 中的 D_i 用当量内径 D'_{ed} 代入,取 $D'_{ed}=2\overline{a'b}$(见图 28)。

8.5.2.2 拱形管板的平直部分按 9.4 烟管管束区以内的平板有关规定确定,边缘部分(图 28 中斜线所示部分)一般宽度不大,可不进行校核。

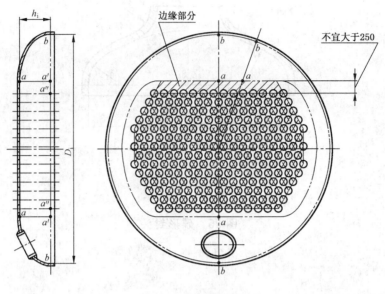

图 28　拱形管板

8.5.3　结构要求

8.5.3.1　凸形管板圆筒形部分(直段部分)的最小需要厚度不应小于按 6.3.1 所确定的值,最高允许工作压力不应大于按 6.3.3 所确定的值。计算时,取 $\varphi_{min}=1.00$,C 按 8.3.10 确定。凸形管板的最小厚度还应满足 9.4.4 要求。

8.5.3.2　胀接管子的管板的厚度应不小于 12 mm。胀接管孔间的距离不应小于 19 mm。胀接管孔中心与焊缝边缘及管板扳边起点的距离不应小于 $0.8d$(d 为管孔直径),且不小于 $0.5d+12$ mm。

8.5.3.3　凸形管板上人孔布置可不满足图 24 中不小于 $0.1D_i+\delta$ 的要求。

8.5.3.4　拱形管板由不同椭圆线构成的凸形部分与平直部分的过渡应是上述椭圆线与直线的平滑过渡。

9　有拉撑(支撑、加固)的平板和管板

9.1　范围

本章适用于承压和有拉撑管的平板和管板(包括烟管管束区内外平板、火箱顶板、立式冲天管锅炉封头、立式多横火管锅炉的管板和弓形板等)的设计计算方法和结构要求。矩形集箱设计计算方法参照附录 B,水管管板的设计计算方法参照附录 C。

9.2　符号和单位

α　——椭圆孔圈的长半轴(内尺寸),mm;

b　——椭圆孔圈的短半轴(内尺寸),mm;

C　——包括含人孔、头孔的平板系数;

D_e　——当量直径;

D_i　——锅筒筒体内径,mm;

d　——孔的直径,mm;

d_e　——当量圆直径,mm;

d_h　——人孔或头孔计算直径(α 与 b 之和),mm;

d_i ——烟管内径,mm;

E ——锅壳内壁至管板外壁的弓形板最大尺寸,mm;

K ——系数;

L_1 ——立式多横火管锅炉最外侧管排中心与前管板厚度中线交点至锅壳中心线之间的距离,mm;

L_2 ——立式多横火管锅炉最外侧管排中心与后管板厚度中线交点至锅壳中心线之间的距离,mm;

r ——扳边内半径,mm;

s ——火箱管板的内壁间距,mm;

S_H ——火箱顶板上加固横梁间距,mm;

S_1 ——火箱管板上管孔横向节距,mm;

S_2 ——立式多横火管锅炉管板上管孔垂直节距,mm;

Z ——系数;

δ ——受压元件名义厚度,mm;

δ_H ——火箱顶板上加固横梁厚度,mm;

δ_c ——受压元件理论计算厚度,mm;

δ_e ——受压元件有效厚度,mm;

φ ——立式多横火管锅炉管板上最外侧垂直管排的孔桥减弱系数。

9.3 有拉撑的平板和烟管管束区以外的平板

9.3.1 有拉撑的平板和烟管管束区以外的平板厚度按式(76)计算:

$$\delta \geqslant K d_e \sqrt{\frac{p}{[\sigma]}} + 1 \qquad \cdots\cdots\cdots\cdots\cdots\cdots\cdots\cdots\cdots (76)$$

9.3.2 校核计算时,最高允许工作压力按式(77)计算:

$$[p] = \left(\frac{\delta_e - 1}{K d_e}\right)^2 [\sigma] \qquad \cdots\cdots\cdots\cdots\cdots\cdots\cdots (77)$$

9.3.3 计算压力取相连元件的计算压力,计算温度按表4选取。

9.3.4 系数 K 按以下规定确定:

通过3个支撑点画当量圆时,K 按表14确定;通过4个或4个以上支撑点画当量圆时,K 值降低 10%;通过2个支撑点画当量圆时,K 值增加10%。

9.3.5 如支撑点型式不同,则系数 K 取各支撑点相应值的算术平均值。

表14 系数 K 的取值

支撑型式		K
支点线	平板或管板与锅壳筒体、炉胆或冲天管连接: 扳边连接[图29a)] 坡口型角焊连接并有内部封焊(图29b)	0.35 0.37
	内部无法封焊的单面坡口型角焊(图30)[a]	0.50
	直拉杆、拉撑管、角撑板、斜拉杆	0.43
	带垫板的拉杆	0.38
	焊接烟管(包括螺纹管);管头45°扳边的胀接管	0.45
[a] 如氩弧焊打底,且100%无损检测,K 可取0.4;如采用垫板,且100%无损检测,K 可取0.45。		

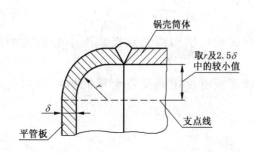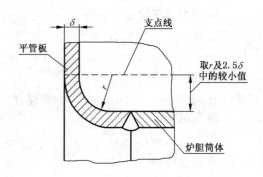

a)

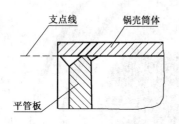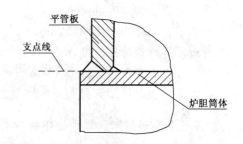

b)

图 29　支点线位置

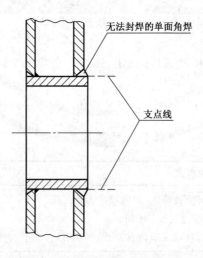

图 30　单面角焊的支点线

9.3.6　如烟管与管板全部采用焊接连接时,这些烟管中心均可视为支撑点,以管束区边缘管子画当量圆时,K 按表14选取。当烟管群边缘某些烟管中心与最近支撑点线、最近支撑点的距离大于 250 mm 时,这些烟管的焊接应满足 10.5.8 的要求;两组管束间的宽水区距离大于 250 mm 时,宽水区两侧烟管每隔一根的焊接应满足 10.5.8 的要求。

9.3.7 当量圆直径 d_e 如为通过 3 个或 3 个以上支撑点画圆时,支撑点不应都位于同一半圆周上,当量圆画法如图 31 所示;如为 2 个支撑点画圆时,支撑点应位于当量圆直径的两端。

9.3.8 支撑点按下列原则确定:拉撑杆或拉撑管中心;管束区边缘焊接烟管中心;角撑板的中线及支点线上的各点都是支撑点。

9.3.9 支点线按图 29、图 30 所示原则确定。人孔、手孔边缘不是支点线。

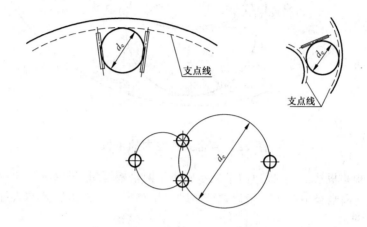

图 31 当量圆的画法

9.3.10 包含人孔在内的平板(图 32)的厚度及最高允许工作压力按式(78)计算:

$$\delta > 0.62 \sqrt{\frac{p}{\sigma_b}(Cd_e^2 - d_h^2)} \quad \cdots\cdots\cdots\cdots\cdots\cdots (78)$$

$$[p] = 2.60\sigma_b \frac{\delta^2}{Cd_e^2 - d_h^2} \quad \cdots\cdots\cdots\cdots\cdots\cdots (79)$$

式(78)、式(79)中的 d_h 为人孔或头孔的计算直径(或是椭圆孔圈的长半轴 a 与椭圆孔圈的短半轴 b 之和;式(78)、式(79)中的系数 C 按表 15 确定。

至少有一个当量圆应将人孔或头孔包括在内,并以其中最大当量圆作为强度计算的依据。如为两点画当量圆,δ 增加 10%,$[p]$ 减小 10%。

人孔或头孔应满足 13.7 要求。

表 15 包含人孔、头孔的平板系数

结构型式	C
无拉撑或两侧有拉撑但 $l > \dfrac{d_e}{10}$	1.64
两侧有拉撑且 $l = 0 \sim \dfrac{d_e}{10}$	1.19
注:l 为拉杆外缘至当量圆的最小距离(图 32)。	

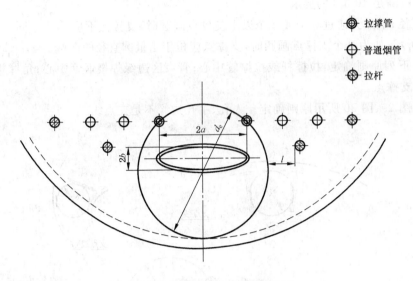

图 32 包含人孔在内的平板

9.3.11 如平板或管板是扳边的,则扳边内半径不应小于两倍板厚,且至少应为 38 mm;如火箱板、回燃室板是扳边的,则扳边内半径不应小于板厚,且至少应为 25 mm。扳边起点与人孔圈或头孔圈焊缝边缘之间的净距离不应小于 6 mm。

9.3.12 扳边孔不应开在对接焊缝上。

9.4 烟管管束区以内的平板

9.4.1 烟管管束区以内的平板厚度及最高允许工作压力按式(76)和式(77)计算。

9.4.2 如管束区内装有拉撑管,系数 K 按 9.3.4 处理,d_e 为按拉撑管所画当量圆的直径。当烟管与管板采用焊接连接时,式(76)和式(77)中 d_e 取为烟管最大节距,并取 $K=0.47$。

9.4.3 拉撑管与管板连接的焊缝高度(含深度)应为管子厚度加 3 mm(图 39),拉撑管厚度按式(88)计算。除烟管与管板采用胀接连接外,管束区不需要装拉撑管。

9.4.4 胀接管直径不大于 51 mm 时,管板名义厚度不应小于 12 mm,胀接管直径大于 54 mm 时,管板名义厚度不应小于 14 mm。管子与管板连接全部采用焊接时,管板名义厚度不应小于 8 mm;如管板内径大于 1 000 mm,则管板名义厚度不应小于 10 mm。

9.4.5 管子与管板采用胀接连接时,其孔桥不应小于 $0.125d+12.5$ mm。焊接管板孔桥应使相邻焊缝边缘的净距离不小于 6 mm,若进行焊后热处理,可不受此限制。

9.4.6 管孔焊缝边缘至扳边起点的距离不应小于 6 mm。对于胀接管,管孔中心至扳边起点的距离不应小于 $0.8d$,且不应小于 $0.5d+12$ mm。

9.4.7 对于与 600 ℃ 以上烟气接触的管板,焊接连接的烟管或拉撑管应采取消除间隙的措施,而且管端还应满足 10.5.8 的要求。

9.4.8 对于火箱管板,当火箱顶板用横梁加固时(图 33),还应按式(80)、式(81)校核横向孔桥的抗压强度:

$$\delta > \frac{psS_1}{186(S_1-d_i)}\frac{400}{R_m} \qquad\cdots\cdots\cdots\cdots\cdots\cdots(80)$$

$$[p] = \frac{186\delta(S_1-d_i)}{sS_1}\frac{R_m}{400} \qquad\cdots\cdots\cdots\cdots\cdots\cdots(81)$$

式中:

d_i ——烟管内径,mm;

s ——火箱管板的内壁间距,mm;

S_1——管孔横向节距,mm(参见图33)。

火箱管板厚度应取式(76)和式(80)计算所得较大值;最高允许工作压力取式(77)和式(81)计算所得较小值。

9.5 有加固横梁的火箱顶板

9.5.1 有加固横梁火箱顶板的最小需要厚度及最高允许工作压力按式(76)和式(77)计算。

9.5.2 式(76)和式(77)中的 d_e 按以下规定确定:

　　a) 横梁有水通道时[见图33a)]:

$$d_e = \sqrt{(m + \delta_H)^2 + S_H^2} \qquad \cdots\cdots\cdots (82)$$

　　b) 横梁无水通道时[见图33b)]

$$d_e = S_H \qquad \cdots\cdots\cdots (83)$$

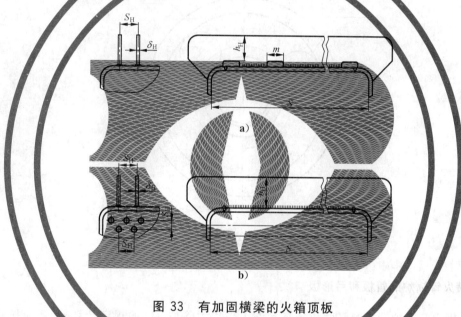

图33 有加固横梁的火箱顶板

9.5.3 用式(76)计算火箱顶板厚度时,当横梁有水通道时,系数 K 取为0.46,横梁无水通道时,系数 K 取为0.56。

9.5.4 如火箱顶板是扳边的,则扳边内半径不应小于板厚,且至少为25 mm。

9.6 立式冲天管锅炉的平封头和平炉胆顶

9.6.1 立式冲天管锅炉平封头和平炉胆顶的厚度和最高允许工作压力按式(76)和式(77)计算。

9.6.2 当量圆直径按以下规定确定:

9.6.2.1 仅靠冲天管支持时,d_e 取与支点线相切所画出的切圆直径(图34 右半部)。

9.6.2.2 装有拉撑件时,d_e 通过3个或3个以上支撑点所画出的圆中最大圆的直径(图34 左半部)。

9.6.3 仅靠冲天管支持时,系数 K 取表14给出值的1.5倍。装有拉撑时,如为三点支撑,K 按表14确定;如为四点支撑,K 值降低10%。

9.6.4 平封头和平炉胆顶上装有拉杆时,对于外径大于1 200 mm 但小于1 500 mm 的锅壳筒体,至少应装4根拉杆。外径等于或大于1 500 mm 但小于1 800 mm 的锅壳筒体,至少应装5根拉杆;外径等于或大于1 800 mm 的锅壳筒体,至少应装6根拉杆。

9.6.5 平封头或平炉胆顶的外缘扳边内半径不应小于两倍板厚,且至少为 38 mm 内缘扳边(与冲天管相接)内半径不应小于板厚,且至少为 25 mm。

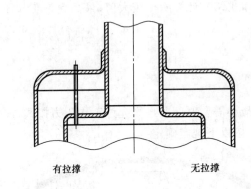

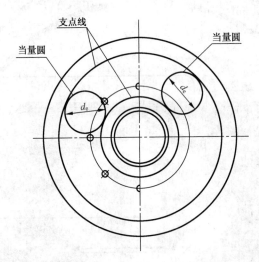

图 34 立式冲天管锅炉的平封头与平炉胆顶

9.7 立式多横火管锅炉的管板和弓形板

9.7.1 立式多横火管锅炉管板的厚度和最高允许工作压力除按 9.3 的规定计算外,还应按式(84)、式(85)校核最外侧垂直管排的强度:

$$\delta = \frac{pD}{2\varphi[\sigma] - p} + 1 \quad\quad\quad\cdots\cdots\cdots\cdots\cdots(84)$$

$$[p] = \frac{2\varphi[\sigma](\delta - 1)}{D + (\delta - 1)} \quad\quad\quad\cdots\cdots\cdots\cdots(85)$$

式中:

D ——当量直径,即最外侧管排中心线与管板厚度中线交点至锅壳中心线之间距离的 2 倍。

前管板 $D = 2L_1$(图 35);

后管板 $D = 2L_1$(图 35)。

φ ——最外侧垂直管排的孔桥减弱系数,按式(86)计算:

$$\varphi = \frac{S_2 - d}{S_2} \quad\quad\quad\cdots\cdots\cdots\cdots\cdots(86)$$

式中:

d ——管孔直径;

S_2 ——管孔垂直节距。

管板厚度取式(76)与式(84)计算所得的较大值,最高允许工作压力取式(77)与式(85)计算所得的较小值。

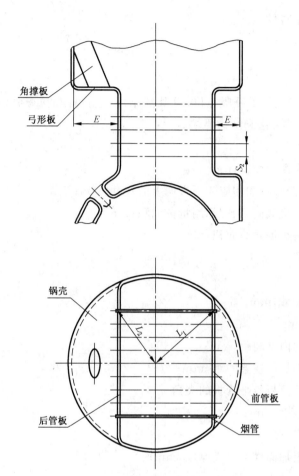

图 35 立式多横管锅炉的管板与弓形板的计算尺寸

9.7.2 立式多横火管锅炉管板最外侧垂直管排如为胀接管,则每隔一根烟管应按10.5.8要求对管头进行焊接。如为焊接管孔则无此要求。管板的其他结构要求应满足9.4.3～9.4.7的有关规定。

9.7.3 管板的弓形板如由角撑板(或其他拉撑)支持,应按式(87)计算出的 Z 值确定角撑板的数目。

$$Z = \frac{EpD_i}{\delta} \quad\quad\quad\quad (87)$$

式中:

E——由锅壳内壁至管板外壁的弓形板最大尺寸(图35)。

对于后管板(燃烧室管板),角撑板最少应为:

$Z > 25\ 000$ 1 块

$Z > 35\ 000$ 2 块

$Z > 42\ 000$ 3 块

对于前管板(烟箱管板),角撑板最少应为:

$Z > 25\ 000$ 1 块

$Z > 47\ 000$ 2 块

9.7.4 与管板两边相接的锅壳板厚度至少应比圆筒形锅壳筒体公式计算所得厚度大 1.5 mm。

9.8　矩形集箱参照附录 B

9.9　水管管板的计算参见附录 C

10　拉撑件和加固件

10.1　本章规定了锅炉元件之间的呼吸空位,以及拉撑件(直拉杆和拉撑管、斜拉杆等)和加固件(角撑板、加固横梁等)的设计计算方法和结构要求。

10.2　符号和单位

A　——拉撑件所支撑的面积,mm^2;

d　——开孔直径,椭圆孔在相应节距方向上的尺寸,mm;

F　——拉撑件的名义截面积、实际测量截面积,mm^2;

F_{min}　——拉撑件的最小需要截面积,mm^2;

h_H　——横梁计算高度,mm;

K_H　——系数;

K_w　——拉杆焊脚尺寸,mm;

L_w　——焊缝长度,mm;

s　——火箱管板的内壁间距,mm;

s_H　——火箱顶板上加固横梁间距,mm;

α　——斜拉杆或角撑板与平管板的夹角,(°);

δ　——管板名义厚度,mm;

δ_b　——角撑板厚度,mm;

δ_H　——火箱顶板上加固横梁名义厚度,mm;

δ_{Hmin}　——加固横梁的最小需要厚度,mm;

δ_1　——拉撑管厚度,mm;

δ_w　——焊缝厚度,mm。

10.3　呼吸空位(参见图 36)

10.3.1　平管板上应留有足够尺寸的呼吸空位(平管板上温度不同相邻元件之间的最小距离),以防止产生过大的温差应力。

10.3.2　炉胆外壁与烟管外壁之间或炉胆外壁与锅壳筒体内壁之间的呼吸空位,应不小于锅壳筒体内径的 5% 和 50 mm 的较大值,如锅壳筒体内径的 5% 大于 100 mm 时,可取 100 mm。

10.3.3　角撑板端部或直拉杆边缘与烟管外壁之间的呼吸空位应不小于 100 mm。

10.3.4　锅壳筒体内壁与烟管外壁之间的呼吸空位应不小于 40 mm。

10.3.5　角撑板端部或直拉杆边缘与炉胆外壁之间的呼吸空位,一般应不小于 200 mm。当锅壳筒体外径大于 1 800 mm 和炉胆长度大于 6 000 mm 时,呼吸空位应不小于 250 mm;当锅壳筒体外径小于 1 400 mm 和炉胆长度小于 3 000 mm 时,呼吸空位应不小于 150 mm。

10.3.6　所有其他情况的呼吸空位,应不小于锅壳筒体内径的 3% 和 50 mm 的较大值,如锅壳筒体内径的 3% 大于 100 mm 时,可取 100 mm。

10.3.7　与波形炉胆、波形与平直组合炉胆、斜拉杆相邻部位的呼吸空位可为上述规定的 70%;如波形炉胆、波形与平直组合炉胆端部为扳边结构且采用斜拉杆,则其间的呼吸空位可为上述规定的 50%。

10.3.8　回燃室筒体与其他元件之间的呼吸空位可按上述锅壳筒体处理。

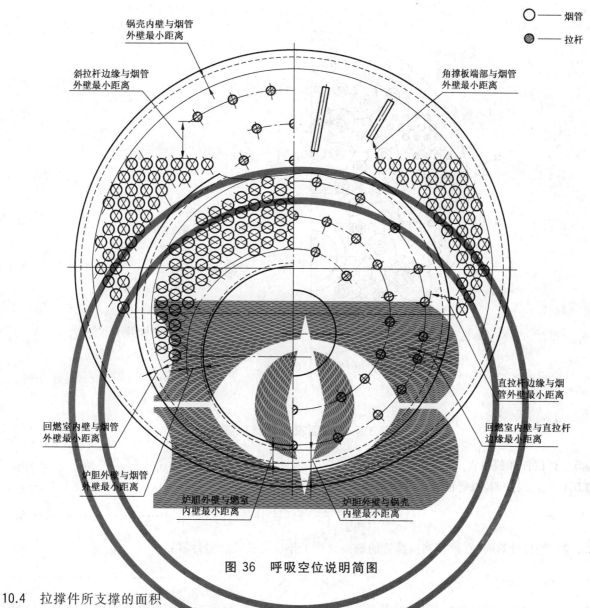

图 36　呼吸空位说明简图

10.4　拉撑件所支撑的面积

10.4.1　拉撑件宜均匀布置,使被拉撑的面积尽量相同。

10.4.2　拉撑件所支撑的面积 A 等于被拉平板上支撑点中位线所包围的面积。支撑点中位线为距相邻支撑点等距离的连线,可近似取为相邻 3 个或 3 个以上支撑点的切圆中心和相邻两个支撑点的中点的连线,如图 37 所示。

对于直拉杆、拉撑管和普通烟管,还应将上述所画面积减去这些元件所占的面积作为支撑面积;而对于斜拉杆和角撑板,则不减去它们所占的面积。

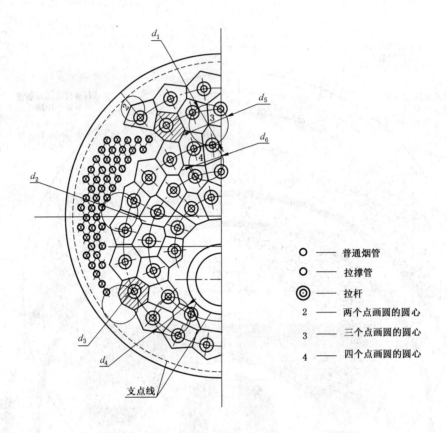

普通烟管图例、拉撑管图例、拉杆图例

○ —— 普通烟管
○ —— 拉撑管
◎ —— 拉杆
2 —— 两个点画圆的圆心
3 —— 三个点画圆的圆心
4 —— 四个点画圆的圆心

图 37　支撑面积 A 的近似画法

10.5　直拉杆和拉撑管

10.5.1　直拉杆和拉撑管的最小需要截面积按式(88)计算：

$$F_{min} = \frac{pA}{[\sigma]} \qquad\qquad\qquad (88)$$

10.5.2　校核计算时,直拉杆和拉撑管的最高允许工作压力按式(89)计算：

$$[p] = \frac{F[\sigma]}{A} \qquad\qquad\qquad (89)$$

10.5.3　当焊接烟管视为拉撑管时,其最小需要截面积和最高允许工作压力也分别按式(88)、式(89)计算。

10.5.4　计算压力取相连元件的计算压力,计算温度按表4选取,直拉杆按不受热考虑。

10.5.5　直拉杆与平管板的连接结构如图38和图39所示。

图 38 所示结构用于烟温不大于 600 ℃的部位。图 39 所示结构可用于烟温大于 600 ℃的部位,当用于烟温不大于 600 ℃的部位时,拉杆端头超出焊缝的长度可放大至 5 mm。

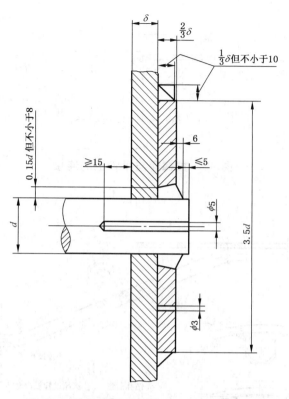

图 38　有垫板的拉撑杆与平管板的连接

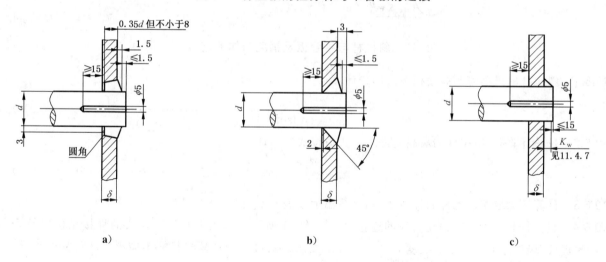

a)　　　　　　　　b)　　　　　　　　c)

图 39　无垫板的拉杆与平管板的连接

10.5.6　用于平管板的直拉杆的直径不宜小于 25 mm。长度大于 4 000 mm 的直拉杆,中间应加支撑点。用于火箱的直拉杆的直径不宜小于 20 mm。

10.5.7　直拉杆与平管板的连接如采用图 39c)结构时,焊脚尺寸 K_w 应满足式(90)要求:

$$K_w \geqslant \frac{125F_{min}}{\pi d} \qquad\qquad\cdots\cdots\cdots\cdots\cdots\cdots\cdots\cdots\cdots\cdots\cdots\quad(\,90\,)$$

10.5.8　拉撑管与平管板的连接结构如图 40 所示。

当用于烟温大于 600 ℃的部位时,管端超出焊缝的长度不应大于 1.5 mm;当用于烟温不大于 600 ℃的部位时,管端超出焊缝的长度可放大至 5 mm。焊接烟管也按此规定处理。

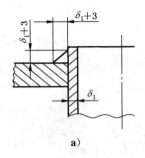

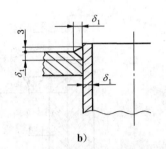

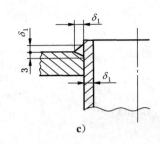

图 40 拉撑管与平管板的连接

10.6 斜拉杆(参见图 41)

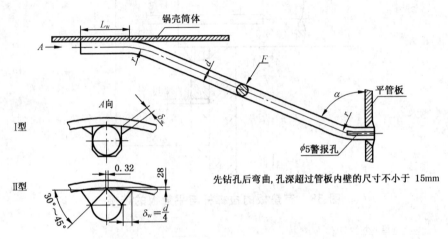

图 41 斜拉杆与平管板及锅壳筒体的连接

10.6.1 斜拉杆的最小需要截面积按式(91)计算:

$$F_{min} = \frac{pA}{[\sigma]\sin\alpha} \qquad \cdots\cdots\cdots\cdots\cdots\cdots\cdots(91)$$

10.6.2 校核计算时,斜拉杆的最高允许工作压力按式(92)计算:

$$[p] = \frac{F[\sigma]}{A}\sin\alpha \qquad \cdots\cdots\cdots\cdots\cdots\cdots\cdots(92)$$

10.6.3 计算压力取相连元件的计算压力,计算温度按表4不受热元件选取。

10.6.4 斜拉杆与平管板及锅壳筒体的连接结构如图41所示。插入平管板的端头的焊接结构应符合图38要求,端头伸出平管板的长度应符合10.5.5要求。斜拉杆的转角半径 r 不应小于2倍杆的直径。斜拉杆与平管板的夹角 α 不应小于60°。

10.6.5 斜拉杆与锅壳筒体连接的焊缝厚度 δ_w,对于Ⅰ型焊缝应满足下列要求:

$$\delta_w \geqslant \frac{125F_{min}}{2L_w} \qquad \cdots\cdots\cdots\cdots\cdots\cdots\cdots(93)$$

任何情况下,焊缝厚度 δ_w 不应小于 10 mm。

对于Ⅱ型焊缝,厚度 δ_w 取为 $d/4$ 焊缝长度 L_w 应满足式(94)要求:

$$L_w = \frac{250F_{min}}{d} \qquad \cdots\cdots\cdots\cdots\cdots\cdots\cdots(94)$$

10.6.6 斜拉杆的直径不宜小于 25 mm。

10.6.7 斜拉杆与锅壳筒体连接部位的烟温应不大于 600 ℃。

10.7 角撑板(参见图 42)

10.7.1 角撑板的最小需要截面积按式(91)计算,最高允许工作压力按式(92)计算。

10.7.2 角撑板在平管板上宜辐射布置,两块角撑板间的夹角宜在15°～30°之间。应优先采用斜拉杆或当空间允许时,采用直拉杆。

10.7.3 角撑板与平管板、锅壳筒体的连接焊缝均应为坡口型,焊缝应避免咬边等缺陷,焊缝与母材应圆滑过渡。

10.7.4 角撑板与平管板、锅壳筒体的焊缝长度 L_w 应满足式(95)要求:

$$L_w \geqslant \frac{100pA}{0.6[\sigma]\delta_b \sin\alpha} + 20 \quad\cdots\cdots\cdots\cdots(95)$$

10.7.5 计算压力取相连元件的计算压力,计算温度按表4不受热元件选取。

10.7.6 角撑板与平管板的夹角 α 不应小于60°。

10.7.7 角撑板厚度不应小于平管板厚度的70%,也不应小于锅壳筒体的厚度和不大于锅壳筒体厚度的1.7倍。

10.7.8 角撑板与平管板、锅壳筒体连接处的结构形状与尺寸应符合图42要求。

10.7.9 角撑板与平管板、锅壳筒体连接部位的烟温不应大于600 ℃。

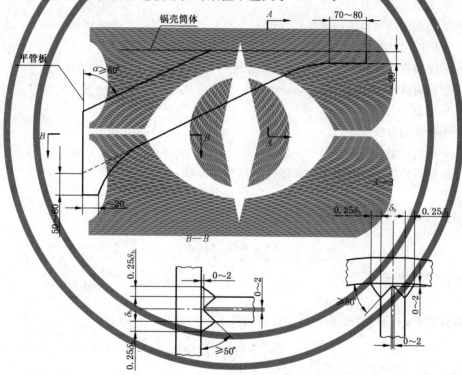

图42 角撑板与平管板及锅壳筒体的连接

10.8 加固横梁

10.8.1 火箱顶板上加固横梁的最小需要厚度按式(96)计算:

$$\delta_{Hmin} = \frac{ps^2 S_H}{K_H h_H^2 [\sigma]} \quad\cdots\cdots\cdots\cdots(96)$$

式中:$K_H = 1.13$;

s、S_H、h_H 见图33。

10.8.2 校核计算时,加固横梁的最高允许工作压力按式(97)计算:

$$[p] = \frac{K_H \delta_H h_H^2 [\sigma]}{s^2 S_H} \quad\cdots\cdots\cdots\cdots(97)$$

10.8.3 计算压力取相连元件的计算压力,计算温度按表4不受热元件选取。

10.8.4 加固横梁与火箱顶板的连接应采用全焊透结构。

11 平端盖及盖板

11.1 本章规定了承压平端盖和盖板的设计计算方法和结构要求。

11.2 符号和单位

 a ——椭圆盖板的长半轴,mm;

 b ——椭圆盖板的短半轴,mm;

 D_c ——盖板的计算尺寸,mm;

 D_i ——与平端盖相连接处的集箱筒体内径,mm;

 d ——平端盖开孔直径,mm;

 h ——焊缝坡口钝边高度,mm;

 K ——端盖和盖板结构系数;

 K_w ——焊角高度$(w=1,2)$,mm;

 l ——平端盖直段部分的长度,mm;

 r ——平端盖内转角过渡圆弧半径,mm;

 Y ——盖板的形状系数;

 δ ——平端盖直段部分厚度,与平端盖相连连接处的集箱筒体厚度,mm;

 δ_s ——平端盖或盖板的设计厚度,mm;

 δ_1 ——平端盖名义厚度,mm;

 δ_{1e} ——平端盖的有效厚度,mm;

 δ_2 ——平端盖环形凹槽处的最小厚度,mm;

 δ_3 ——盖板螺栓连接部位或密封面处环状部位的厚度,mm。

11.3 平端盖

11.3.1 平端盖的设计厚度按式(98)计算:

$$\delta_s = KD_i\sqrt{\frac{p}{[\sigma]}} \qquad\qquad\cdots\cdots\cdots\cdots\cdots\cdots\cdots\cdots(98)$$

平端盖名义厚度应满足:

$$\delta_1 \geqslant \delta_s$$

11.3.2 校核计算时,平端盖的最高允许工作压力按式(99)计算:

$$[p] = \left(\frac{\delta_1}{KD_i}\right)^2[\sigma] \qquad\qquad\cdots\cdots\cdots\cdots\cdots\cdots\cdots\cdots(99)$$

同时,$[p]$也不应超过按式$[p]=\dfrac{2\delta_1[\sigma]}{D_i+\delta_1}$所确定的平端盖直段的最高允许工作压力。

11.3.3 结构特性系数按表16选取。平端盖的内转角过渡圆弧半径r、直段部分的长度l等应符合表16所规定的要求。

11.3.4 平端盖的计算压力取相连筒体的计算压力。

11.3.5 平端盖的计算温度t_c按表4确定。

11.3.6 平端盖基本许用应力的修正系数按表16取。

11.3.7 平端盖上中心孔的直径或长轴尺寸与端盖内直径之比值不应大于0.8;平端盖上任意两孔边缘之间的距离不应小于其中小孔的直径;孔边缘至平端盖外边缘之间的距离不应小于$2\delta_c$;孔不应开在内转角过渡圆弧处。

11.3.8 平端盖直段部分的厚度不应小于按6.3.1当减弱系数$\varphi_{min}=1$时所确定的成品最小需要厚度。

表 16　平端盖的结构特性系数 K 和修正系数 η

序号	平端盖型式	结构要求	K		η		备注
			无孔	有孔	$l \geqslant 2\delta_1$	$2\delta_1 > l \geqslant \delta_1$	
1		$r \geqslant 3\delta_1$ $i \geqslant \delta_1$	0.40	0.45	1.00	0.95	
2		$r \geqslant \dfrac{1}{3}\delta$ 且 $r \geqslant 5\ mm$ $\delta_2 \geqslant 0.8\delta_1$	0.40	0.45	0.90		
3		$K_1 \geqslant \delta$ $K_2 \geqslant \delta$ $h \leqslant (1\pm0.5)mm$	0.50	0.60	0.85		用于锅炉额定压力不大于 2.5 MPa 且 D_i 不大于 ϕ426 mm
			0.40	0.40	1.05		用于水压试验[a]
4		$K_1 \geqslant \delta$ $K_2 \geqslant \delta$ $h \leqslant (1\pm0.5)mm$	0.60	0.70	0.85		用于锅炉额定压力不大于 2.5 MPa 且 D_i 不大于 ϕ426 mm

[a] 用于水压试验时可以不开或开小坡口。

11.4 盖板

11.4.1 盖板设计厚度按式(100)计算:

$$\delta_s = KYD_c\sqrt{\frac{p}{[\sigma]}} \qquad\qquad (100)$$

盖板名义厚度应满足:

$$\delta_1 \geqslant \delta_s$$

11.4.2 校核计算时,盖板的最高允许工作压力按式(101)计算:

$$[p] = \left(\frac{\delta_1}{KYD_c}\right)^2 [\sigma] \qquad\qquad (101)$$

11.4.3 形状系数 Y 按表17选取。

表 17 形状系数 Y

b/a	1.00	0.75	0.50
Y	1.00	1.15	1.30
注:表中相邻 b/a 之间 Y 值可用算术内插法确定,小数点后第三位四舍五入。			

11.4.4 结构特性系数 K 和计算尺寸 D_c 按以下规定选取:

a) 两法兰间加盲板(图43), $K=0.50$, D_c 取法兰密封面的中心线尺寸;

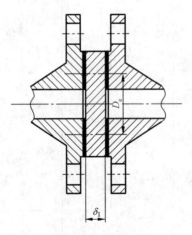

图 43 盲板

b) 凸面法兰式盖板(图44), $K=0.55$, D_c 取法兰螺栓中心线尺寸;

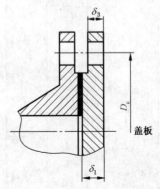

图 44 凸面法兰式盖板

c) 平面法兰式盖板(图 45),$K=0.45$,D_c 取螺栓中心线尺寸;

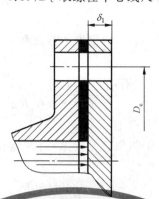

图 45 平面法兰式盖板

d) 受内压的孔盖板(图 46),$K=0.55$,圆形盖板 D_c 取孔圈密封接触面的中心线尺寸;椭圆形盖板 D_c 取孔圈短轴密封接触面的中心线尺寸。

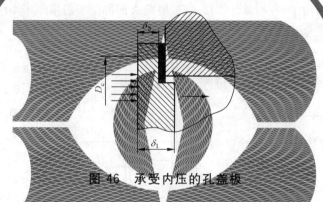

图 46 承受内压的孔盖板

11.4.5 盖板的计算压力 p_c 取相连元件的计算压力。

11.4.6 盖板的计算温度 t_c 按表 4 确定。

11.4.7 盖板的连接处的厚度 δ_3(图 44)应满足:

$$\delta_3 \geqslant 0.8\delta_1$$

12 下脚圈

12.1 本章适用于立式锅炉下脚圈的设计计算方法和结构要求。

12.2 符号和单位

D_i ——对应锅壳筒体内径的下脚圈尺寸,mm;

D_o ——对应炉胆外径的下脚圈尺寸,mm;

$[p]$ ——下脚圈最高允许工作压力,MPa;

δ ——锅壳筒体名义厚度,mm;

δ_{1min} ——下脚圈成形最小壁厚,mm;

δ_1 ——下脚圈名义厚度,mm;

δ_{1e} ——下脚圈的有效厚度,mm。

12.3 计算公式

12.3.1 立式冲天管(或炉胆顶部有可靠拉撑)锅炉的 S 型下脚圈和 U 型下脚圈厚度可不必进行计算,名义厚度不小于相连炉胆的厚度,且不小于 8 mm。

12.3.2 立式锅炉 H 型下脚圈(炉胆顶部有可靠拉撑)的计算厚度按第 10 章平板进行计算,但名义厚度应不小于相连炉胆的厚度,且不小于 8 mm。

12.3.3 立式无冲天管(且炉胆顶部无可靠拉撑)锅炉的 S 型和 U 型下脚圈(图 47 和图 48)的厚度按式(102)计算:

$$\delta_1 \geqslant \sqrt{\frac{pD_i(D_i - D_o)}{990}} \sqrt{\frac{372}{R_m} + 1} \qquad \cdots\cdots\cdots\cdots\cdots(102)$$

式中,D_i 是锅壳筒体内径;D_o 是炉胆外径。

12.3.4 校核计算时,立式无冲天管(且炉胆顶部无拉撑)的 S 型和 U 型下脚圈的最高允许工作压力按式(103)计算:

$$[p] = \frac{(\delta_{1e} - 1)^2 990 R_m}{D_i(D_i - D_o)372} \qquad \cdots\cdots\cdots\cdots\cdots(103)$$

12.3.5 立式无冲天管(或炉胆顶部无可靠拉撑)锅炉的 H 型下脚圈用于额定压力 $p \leqslant 1.0$ MPa 的锅炉,其下脚圈和支撑板的结构型式按(图 49)的要求。支撑板数量确定:在支撑板的外圈(在锅壳筒体内径处)弧线长度不大于 400 mm,且不少于 4 块;下脚圈底板和支撑板的厚度取不低于炉胆厚度,且不小于 8 mm,支撑板与相邻件的焊接应采用全焊透结构。

12.3.6 在 H 型下脚圈结构中,各相邻件焊接的 T 型接头不得位于温度 $t \geqslant 600$ ℃ 的场合。

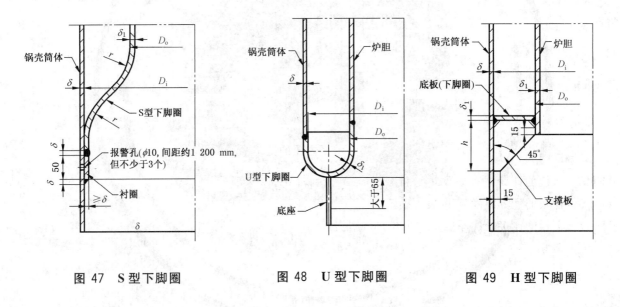

图 47　S 型下脚圈　　　　　图 48　U 型下脚圈　　　　　图 49　H 型下脚圈

13　孔和孔的补强

13.1　本章适用于受压元件上的开孔、开孔补强计算,以及补强结构要求。

13.2　符号和单位

A　——锅壳筒体、集箱筒体、炉胆纵截面内的补强需要面积和平板的补强需要面积,mm^2;

A_1　——锅壳筒体、集箱筒体、炉胆纵截面内起补强作用的焊缝面积,mm^2;

A_2　——锅壳筒体、集箱筒体、炉胆纵截面内起补强作用的管接头、加强圈的多余面积,mm^2;

A_3　——锅壳筒体纵截面内起补强作用的补强垫板面积,mm^2;

A_4　——锅壳筒体、集箱筒体、炉胆自身在纵截面内起补强作用的多余面积,mm^2;

A_F　——加强件对封头补强时起补强作用的面积,mm;

A_P　——加强件对平板补强时起补强作用的面积,mm^2;

B　——锅壳筒体、凸形封头、炉胆、平板的有效补强宽度,mm;

D_i ——锅筒筒体内径,mm;

D_o ——炉胆外径,mm;

d ——开孔直径,插入式整体焊接管接头、插入式双面角焊管接头(或孔圈)的内径,椭圆孔在筒体纵截面上的尺寸,mm;

$[d]_e$ ——多孔补强计算时的最大允许当量直径,mm;

d_o ——焊接管接头、管子的外径,mm;

e ——加强管接头或加强圈的焊角尺寸,mm;

h ——加强圈高度,或扳边孔的扳边高度,mm;

h_1 ——加强管接头的有效补强高度、加强圈伸入锅壳筒体或凸形封头内壁的尺寸,mm;

h_2 ——加强管接头伸入锅壳筒体或凸形封头内壁的尺寸、加强圈的有效加强高度,mm;

K ——斜向孔桥的换算系数;

K_1 ——系数;

s ——纵向(轴向)相邻两孔的节距,或为火箱管板的内壁间距,mm;

s' ——横向(环向)相邻两孔的节距,mm;

s'' ——斜向相邻两孔的节距,mm;

δ ——锅壳筒体、集箱筒体、炉胆、平板的名义厚度,mm;

δ_c ——理论计算壁厚,mm;

δ_e ——锅壳筒体、集箱筒体、炉胆、平板的有效厚度,mm;

δ_0 ——强度未减弱的锅壳筒体或集箱筒体或炉胆按承受内压所需的理论计算厚度,mm;

δ_1 ——加强管接头或加强圈的名义厚度,mm;

δ_{1e} ——加强管接头或加强圈的有效厚度,mm;

δ_{10} ——加强管接头或加强圈按承受内压所需的理论计算厚度,mm;

$[\sigma]_1$ ——管接头材料的许用应力,MPa;

$[\sigma]_2$ ——加强垫板的许用应力,MPa;

$[\varphi]$ ——允许最小减弱系数;

φ_s ——锅壳筒体实际减弱系数;

φ_e ——被补强的多孔在未作补强考虑时的纵向、2倍横向或斜向当量减弱系数。

13.3 筒体上孔的补强

13.3.1 筒体上孔的补强适用于锅壳筒体和集箱筒体。在进行集箱筒体上孔的补强计算时,应将式(104)、式(106)中的 D_i 以($D_o - 2\delta_e$)代替。

13.3.2 本章规定仅适用于 $d/D_i < 0.8$ 和 $d < 600$ mm 的孔。如为椭圆孔,d 取长轴尺寸,椭圆孔仅适用于长轴与短轴之比不大于2的开孔。

13.3.3 $\dfrac{d}{D_i} \geqslant 0.8$ 的集箱开孔,集箱厚度按三通计算。

13.3.4 确定锅壳筒体未补强孔的最大允许直径$[d]$时,应按式(104)计算锅壳筒体的实际减弱系数 φ_s。

$$\varphi_s = \frac{pD_i}{(2[\sigma] - p)\delta_e} \quad\cdots\cdots\cdots\cdots\cdots\cdots\cdots\cdots\cdots\cdots\cdots\cdots\cdots(104)$$

13.3.5 对于实际减弱系数 $\varphi_s \leqslant 0.4$ 的筒体,需要补强的孔已得到自身补强,无需另行补强。

13.3.6 对于实际减弱系数 $\varphi_s > 0.4$ 的筒体,未补强孔的直径 d 不应大于按图50确定的未补强孔的最大允许直径$[d]$,且最大为200 mm。如为椭圆孔,d 取筒体纵截面上的尺寸。

13.3.7 对于实际减弱系数 $\varphi_s > 0.4$ 筒体,如开孔直径 d 大于按13.3.6确定的未补强孔最大允许直径$[d]$时,应采取图51的结构予以补强。

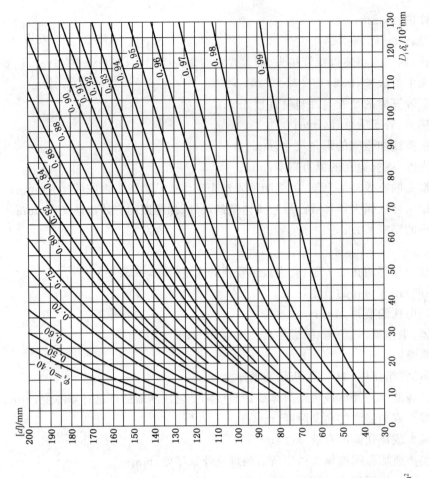

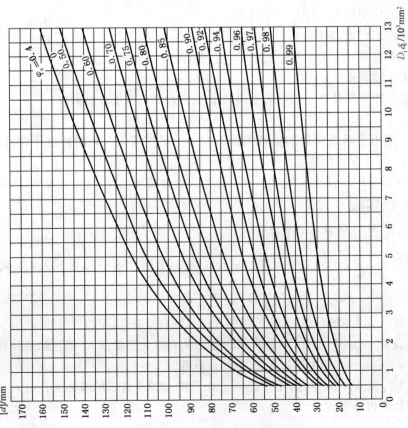

图 50　未被补强孔的最大允许直径

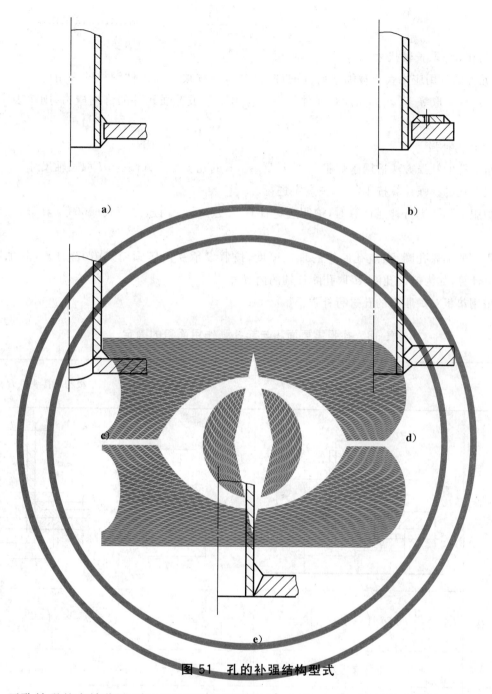

图 51 孔的补强结构型式

13.3.8 开孔补强的有效范围(表 18):有效补强高度 h_1、h_2 取 $2.5\delta_1$ 和 2.5δ 中的较小值;有效补强宽度 B 取 $2d$。

13.3.9 开孔补强应满足以下条件:

$$A_1 + A_2 + A_3 + A_4 \geqslant A \qquad\qquad (105)$$

且应使补强所需面积 A 的 2/3 分布在离孔 1/4 孔径范围内;如为加强管接头,则布置在离管接头内壁 1/4 内径的范围内。式(105)中各面积的计算方法如表 18 所示。表中 δ_0 和 δ_{10} 按式(106)、式(107)计算:

$$\delta_0 = \frac{pD_i}{2[\sigma] - p} \qquad\qquad (106)$$

$$\delta_{10} = \frac{p(d_o - 2\delta_{1e})}{2[\sigma]_1 - p} \quad \cdots\cdots\cdots\cdots\cdots\cdots (107)$$

如为椭圆孔,d_o 取长轴尺寸。

如加强元件的许用应力大于被加强元件的许用应力,则按被补强元件钢材的许用应力计算,即表 18 中的 $[\sigma]_1$ 或 $[\sigma]_2$ 取等于 $[\sigma]$。如加强元件的许用应力小于被补强元件的许用应力,则按表 18 中的公式计算。

13.4 炉胆上孔的补强

13.4.1 炉胆上孔的补强方法适用于炉胆上的 $d/D_o \leqslant 0.6$ 的孔。如为椭圆孔,d 取长轴尺寸。

13.4.2 炉胆上孔的补强计算按 13.3 有关规定进行。

13.4.3 对炉胆上的孔进行补强计算时,炉胆理论计算厚度按承受内压圆筒式(106)计算,附加厚度按式取 2 mm。

13.4.4 炉胆上的加煤孔圈、出渣孔圈等的理论厚度,按假设承受内压圆筒式(107)计算,附加厚度按 6.7 有关规定计算,如为椭圆孔圈,d 取孔圈长轴的内尺寸。

13.4.5 不得用垫板对炉胆上的孔进行补强。

表 18 补强需要面积与起补强作用面积的确定

型式		双面角焊管接头补强	单面坡口焊管接头补强	垫板与管接头联合补强
补强结构				
补强需要面积	A	$\left[d + 2\delta_{1e}\left(1 - \dfrac{[\sigma]_1}{[\sigma]}\right)\right]\delta_0$	$d\delta_0$	$\left[d + 2\delta_{1e}\left(1 - \dfrac{[\sigma]_1}{[\sigma]}\right)\right]\delta_0$
起补强作用的面积	A_1	$2e^2$(或 e^2)	e^2	$2e^2$
	A_2	$\left[2h_1(\delta_{1e} - \delta_{10}) + 2h_2\delta_{1e}\right]\dfrac{[\sigma]_1}{[\sigma]}$	$2h_1(\delta_{1e} - \delta_{10})\dfrac{[\sigma]_1}{[\sigma]}$	$\left[2h_1(\delta_{1e} - \delta_{10}) + 2h_2\delta_{1e}\right]\dfrac{[\sigma]_1}{[\sigma]}$
	A_3	0	0	$0.8(B - d - 2\delta_1)\delta_2\dfrac{[\sigma]_2}{[\sigma]}$
	A_4	$\left[B - d - 2\delta_{1e}\left(1 - \dfrac{[\sigma]_1}{[\sigma]}\right)\right](\delta_e - \delta_0)$	$(b - d)(\delta_e - \delta_0)$	$\left[B - d - 2\delta_{1e}\left(1 - \dfrac{[\sigma]_1}{[\sigma]}\right)\right] \times$ $(\delta_e - \delta_0)$

注:如为椭圆孔,表中 d 取筒体纵截面上的尺寸。

13.5 凸形元件上孔的补强

13.5.1 为减小凸形元件厚度,可采用孔边缘焊以加强圈或(和)加强板的办法进行补强。

13.5.2 能起补强作用的截面积 A_F,为图 52 中斜线部分的 2 倍。

图 52 中,补强有效范围(h_1、h_2、B)按 13.3.8 确定;δ_{10} 按式(107)计算;如加强圈用钢板制成,C 按 6.7.1 确定,如加强圈用管子制成,C 按 6.7.2.2 确定;如为椭圆孔,d 取孔的长轴尺寸。

13.5.3 经补强后,表 13 中的 d 用 $d-A_F/\delta_e$ 代替。

如加强元件的许用应力与被补强元件的许用应力不同时,按 13.3.9 原则处理。

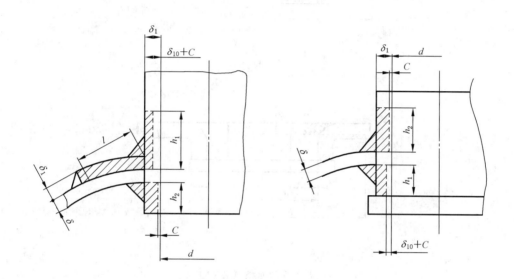

$$B=2(l+\delta_1)+d$$

图 52 凸形元件上孔的补强计算示意图

13.6 平板上孔的补强

按式(78)、式(79)计算的包含人孔的平板无需再作补强计算。

13.6.1 如平板名义厚度满足式(108)、式(109)时,则孔无需补强。

对图 53 和图 55 的结构:

$$\delta \geqslant 1.5\delta_c \qquad\qquad\qquad\qquad (108)$$

对图 54 的结构:

$$\delta \geqslant 1.25\delta_c \qquad\qquad\qquad\qquad (109)$$

13.6.2 如未能满足 13.6.1 条件时,平板上的孔应予补强。

13.6.3 图 53、图 54、图 55 中孔的补强有效范围(h_1、B)按 13.3.8 确定。

13.6.4 能起补强作用的截面积 A_p 及需要补强的面积 A 如图 53、图 54、图 55 所示。要求:

$$A_p \geqslant A \qquad\qquad\qquad\qquad (110)$$

13.6.5 图 53 中,焊接圈或孔扳边的高度 h 应满足式(111)要求:

$$h \geqslant \sqrt{\delta d} \qquad\qquad\qquad\qquad (111)$$

式中:d 为孔径或孔圈的内径。如为椭圆孔,则为短轴内尺寸。

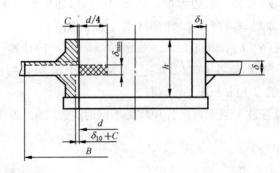

a)

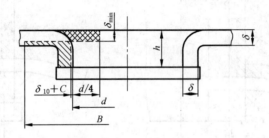

b)

需要加强的面积 A ▨

起加强作用的面积 A ▨

图 53 平板上孔的补强

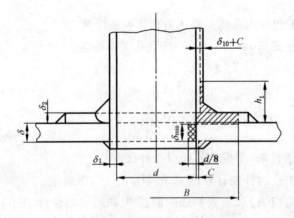

需要加强的面积 A ▨

起加强作用的面积 A ▨

图 54 平板上孔的垫板与管接头加强

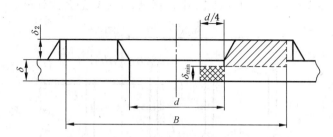

需要加强的面积 A ▨

起加强作用的面积 A ▨

图 55 平板上孔的垫板的加强

13.7 多个开孔的补强计算

13.7.1 本章计算适用于相邻两孔节距小于按式(23)确定的值的下列情况：

a) 两孔直径均小于按 13.3.6 确定的未补强的最大允许直径；

b) 两孔的直径均大于按 13.3.6 确定的未补强的最大允许直径,但两孔的节距不应小于其平均直径的 1.5 倍；

c) 若 $\varphi_e < \dfrac{3}{4}[\varphi]$ 时,两孔的节距不应小于其平均直径的1.5 倍；

d) 若两孔中有一孔的直径大于按 13.3.6 确定的未补强的最大允许直径,则按 13.3.7～13.3.9 的规定按单孔补强,补强后按无孔处理。

13.7.2 筒体上纵向、横向或斜间相邻孔可用管接头补强。此时,应采用坡口型焊接结构,如图 51(c)、(d)、(e)所示。

13.7.3 补强管接头按以下要求计算:

a) 加厚管接头的高度应为厚度的 2.5 倍；

b) 加厚管接头的焊脚尺寸应等于加厚管接头的厚度。

13.7.4 对筒体多孔进行补强计算时,允许的当量直径 $[d]_e$ 按式(112)～式(115)计算:

纵向孔桥：

$$[d]_e = (1 - [\varphi])s \qquad\qquad (112)$$

横向孔桥：

$$[d]_e = (1 - 0.5[\varphi])s' \qquad\qquad (113)$$

斜向孔桥：

$$[d]_e = (1 - [\varphi]/K)s'' \qquad\qquad (114)$$

式中：

$$[\varphi] = \frac{p(D_i + \delta_e)}{2[\sigma]\delta_e} \qquad\qquad (115)$$

13.7.5 用于补强孔桥的管接头(图 56)应符合式(116)、式(117)要求:

a) 对于相邻管接头结构、尺寸相同的孔桥:

$$A_1 + A_2 \geqslant \left(\frac{A}{\delta_0} - [d]_e\right)\delta_e \qquad\qquad (116)$$

式中 A_1、A_2 按表 18 中的公式计算。

b) 对于相邻管接头结构、尺寸不同的孔桥:

$$A_1' + A_2' + A_1'' + A_2'' \geqslant \left(\frac{A' + A''}{\delta_0} - [d]_e\right)\delta_e \qquad\qquad (117)$$

式中 A'、A'_1、A'_2 和 A''、A''_1、A''_2 分别按表18中计算 A、A_1、A_2 的公式计算。

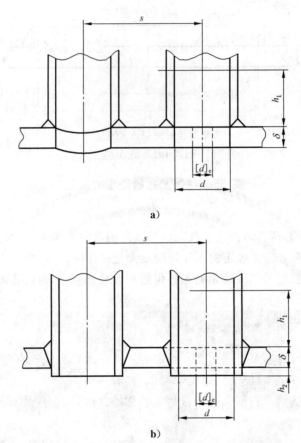

a)

b)

图56 用管接头补强的孔桥

13.8 人孔、头孔、手孔

13.8.1 筒体、封头、平板上的人孔、头孔、手孔的边缘可采用焊接圈或扳边型式(图57)。

焊接圈、扳边的高度 h 应满足式(111)要求。

焊接人孔圈和头孔圈的厚度 δ_1 应满足式(118)要求:

$$\delta_1 \geqslant \frac{7}{8}\delta \qquad \cdots\cdots\cdots\cdots\cdots\cdots\cdots\cdots\cdots\cdots\cdots(118)$$

且 δ_1 对于人孔圈不宜小于 19 mm,对于头孔圈不宜小于 15 mm,对于手孔圈不宜小于 6 mm。

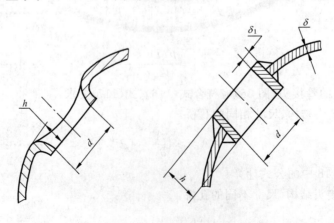

图57 人孔、头孔、手孔的边缘结构

14 焊制三通

14.1 本章规定了焊制三通的设计计算和结构要求

14.2 符号和单位

C——厚度附加量,mm;

C_1——腐蚀裕量,mm;

D_o——三通主管和等径叉形管的外径,mm;

D_m——三通主管的平均直径,mm;

d_m——三通支管的平均内径,mm;

d_o——三通支管的外径,mm;

d_i——三通支管的内径,mm;

X、Y——系数;

β——按三通主管有效厚度算出的外径与内径的比值;

β_c——按三通主管理论计算厚度算出的外径与内径的比值;

δ——焊制三通主管的名义厚度,mm;

δ_{min}——焊制三通及等径叉形管的成品最小厚度,mm;

δ_c——焊制三通及等径叉形管的理论计算厚度,mm;

δ_s——焊制三通及等径叉形管的设计计算厚度,mm;

δ_e——焊制三通及等径叉形管的有效厚度,mm;

δ_1——焊制三通支管的名义厚度,mm;

δ_{1c}——焊制三通支管的理论计算厚度,mm;

δ_{1min}——焊制三通支管的成品的最小需要厚度,mm;

δ_{1s}——焊制三通支管的设计计算厚度,mm;

δ_{1e}——焊制三通支管的有效厚度,mm;

$[\sigma]$——许用应力,MPa;

φ_Y——三通减弱系数。

14.3 无缝钢管焊制三通

14.3.1 焊制三通的理论计算厚度按式(119)、式(120)计算;

对于主管:

$$\delta_c = \frac{pD_o}{2\varphi_Y[\sigma] + p} \quad\quad\quad\quad\quad (119)$$

对于支管:

$$\delta_{1c} = \delta_c \frac{d_o}{D_o} \quad\quad\quad\quad\quad (120)$$

焊制三通的成品最小需要厚度按式(121)、式(122)计算:

对于主管:

$$\delta_{min} = \delta_c + C_1 \quad\quad\quad\quad\quad (121)$$

对于支管:

$$\delta_{1min} = \delta_{1c} + C_1 \quad\quad\quad\quad\quad (122)$$

焊制三通的名义厚度应满足:

对于主管：

$$\delta \geqslant \delta_c + C \qquad \cdots\cdots\cdots\cdots\cdots\cdots\cdots\cdots\cdots\cdots（123）$$

对于支管：

$$\delta_1 \geqslant \delta_{1c} + C \qquad \cdots\cdots\cdots\cdots\cdots\cdots\cdots\cdots\cdots\cdots（124）$$

14.3.2 校核计算时，焊制三通的最高允许工作压力按式(125)计算：

$$[p] = \frac{2\varphi_y[\sigma]\delta_e}{D_o - \delta_e} \qquad \cdots\cdots\cdots\cdots\cdots\cdots\cdots\cdots\cdots\cdots（125）$$

有效厚度 δ_e 按式(126)计算：

$$\delta_e = \delta - C \qquad \cdots\cdots\cdots\cdots\cdots\cdots\cdots\cdots\cdots\cdots（126）$$

δ_e 也可取实际最小厚度减去腐蚀减薄值。

14.3.3 式(119)、式(120)及式(125)适用于 $D_o \leqslant 813$ mm、$d_i/D_i \geqslant 0.8$ 的范围。

14.3.4 焊制三通的计算压力 p 取相连元件的计算压力。

14.3.5 焊制三通的计算温度 t_c 按5.6确定。

14.3.6 用厚度补强的焊制三通，应采用图51c)、d)、e)接管型式。减弱系数 φ_Y 按表19确定，表19中 $\beta = \dfrac{D_o}{D_o - 2\delta_e}$；$\beta_c = \dfrac{D_o}{D_o - 2\delta_c}$。

表 19　焊制三通的减弱系数 φ_Y

t_c	β、β_c	补强型式	φ_y
小于钢材持久强度对基本许用应力起控制作用的温度	$1.10 \leqslant \beta$ 且 $\beta_c \leqslant 1.50$	厚度	按式(127)计算
不小于钢材持久强度对基本许用应力起控制作用的温度	$1.25 \leqslant \beta$ 且 $\beta_c \leqslant 2.00$	厚度	按式(127)计算
注1：对 $1.05 \leqslant \beta < 1.10$ 对于额定压力不大于 2.5 MPa 的锅炉无缝钢管焊制三通，当主管外径 $D_o \leqslant 426$ mm 时，可用厚度补强型式，减弱系数 φ_Y 取式(127)计算值的 2/3。			
注2：对 $1.05 \leqslant \beta < 1.10$ 对于额定压力不大于 3.8 MPa 的锅炉无缝钢管焊制三通，当主管外径 $D_o \leqslant 273$ mm 时，可用厚度补强型式，减弱系数 φ_Y 取式(127)计算值的 2/3。			

14.3.7 三通减弱系数按公式(127)计算：

$$\varphi_Y = \frac{1}{1.20\left[1 + X\sqrt{1 + Y^2/(2Y)}\right]} \qquad \cdots\cdots\cdots\cdots\cdots\cdots\cdots\cdots（127）$$

式中：$X = d_i^2/(D_m d_m)$；$Y = 4.05(\delta_e^3 + \delta_{1e}^3)/(\delta_e^2\sqrt{D_m \delta_e})$。

14.3.8 焊制三通的附加厚度 C 按6.7的规定计算。

14.3.9 不绝热的焊制三通，其最大允许厚度应符合6.8的规定。

14.3.10 在图58所示的 $ABCD$ 三通区域内，应尽量避免开孔。若必须开孔，则应布置在弧长 l 范围内，且孔的直径不应大于 D_o 的 1/4，而且以 60 mm 为限。同时，接管焊缝的外边缘至三通焊缝的外边缘的距离 L_2 不应小于 20 mm。若为孔桥，则在采用式(119)、式(125)确定三通理论计算厚度和最高允许工作压力时，φ_Y 取由14.3.6确定的 φ_Y 及参照6.6规定求得的最小孔桥减弱系数 φ_{min} 中的小者。

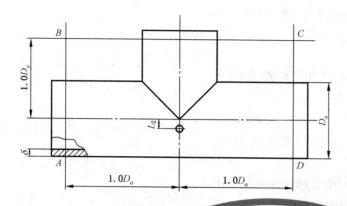
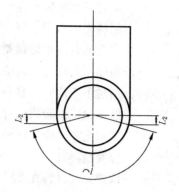

图 58　焊制三通区域

14.3.11 焊制三通的水压试验压力按有关锅炉制造技术条件取用,但不应超过集箱筒体的水压试验压力。

14.4　等径叉形管

14.4.1 本节的等径叉形管计算方法只适用于 $D_o \leqslant 108$ mm,$1.05 \leqslant \beta_c \leqslant 2.00$ 的等径叉形管。

14.4.2 等径叉形管(图 59)的成品最小需要厚度、最高允许工作压力和计算压力、计算温度、附加厚度、水压试验压力均按焊制三通的规定处理。

14.4.3 等径叉形管可用钢管弯制、锻造、铸造或用钢板压焊成型,减弱系数 φ_Y 可按以下规定取用:

当计算温度 t_c 小于钢材持久强度对基本许用应力起控制作用的温度时,$\varphi_Y = 0.70$;

当计算温度 t_c 不小于钢材持久强度对基本许用应力起控制作用的温度时,$\varphi_Y = 0.60$。

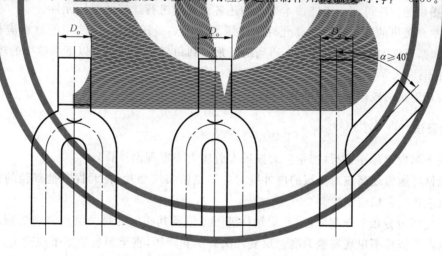

图 59　叉形管

15　决定元件最高允许工作压力的验证法

15.1　符号和单位

f ——铸件的质量系数;

p_{ss} ——试验温度时最薄弱部位达到屈服时的压力,MPa;

p_{bs} ——试验温度时的爆破压力,MPa;

p_{ysi} ——试验温度时的验证压力($i=1,2,3,4$),MPa;

p_{ysmin} ——试验温度时的最小验证压力,MPa;

R_p ——回转壳体结构不连续部位的平均曲率半径,mm;

R_{pp} ——回转壳体上相邻两高应力区的平均曲率半径的平均值,mm;

Δ ——应变测量的相对误差;

δ'_{pmin} ——相邻两高应力区的最小厚度的平均值,mm;

δ'_{min} ——结构不连续处的最小厚度,mm;

δ_{ys} ——经受验证试验的元件最薄弱处的厚度,mm;

δ_{yz} ——实用元件对应于试验元件处的实际厚度,mm;

ε ——应变量,%;

σ_{bl} ——试验元件材料在20 ℃时的实际抗拉强度,MPa;

σ_{dmax} ——高应力区域中最大当量应力,MPa;

σ'_{dmax} ——低应力区域中最大当量应力,MPa;

$[\sigma]_{Js}$ ——试验温度时的基本许用应力,MPa;

σ_{pdmax} ——高应力区域中内外壁平均应力的当量应力最大值,MPa;

σ'_{pdmax} ——低应力区域中内外壁平均应力的当量应力最大值,MPa;

σ_{sls} ——试验元件材料在试验温度时的实际屈服点或规定非比例伸长应力,MPa;

φ_w ——焊接接头系数。

15.2 一般要求

15.2.1 本章提供了用于决定元件最高允许工作压力的验证试验和有限元计算方法,这些方法包括应力验证法、屈服验证法、爆破验证法、低周疲劳试验法、应力分析验证法。

15.2.2 本章提供的方法可用于不能按本部分前述各章规定进行计算的受压元件。

15.2.3 采用本章提供的方法确定最高允许工作压力的锅炉受压元件,所使用的材料应符合第5章的有关规定。同时,元件的所有转角处应有适当的圆角。圆角半径不应小于以下两值中的较小值:

a) 10 mm;

b) 圆角相连接的较厚部分厚度的1/4。

15.3 应力验证法

本方法按下列规定程序进行(当量应力按最大剪应力强度理论计算):

a) 在元件可能出现高应力区域的内外壁对应部位粘贴应变片,在元件其他部位的内外壁对应部位也应适当粘贴应变片。

b) 按一定压力分级升压和降压,并记录每级压力值及其相应的每个测点的应变值。试验最高压力以内外壁都不出现屈服为准。反复几次升压和降压,直至测量数据重现性满意为止。

c) 根据验证试验获得的应力值及其分布,按如下规定将应力区分为一次应力、二次应力和一次局部薄膜应力:

  1) 一次应力——试验元件上没有受到结构不连续影响的区域中的应力;

  2) 一次局部薄膜应力——当元件上内、外壁平均应力的当量应力值不小于$1.1[\sigma]$的范围,在回转壳体经线方向上的尺寸不大于$\sqrt{R_p\delta'_{min}}$,并且相邻两个这样区域的边缘间距不小于$2.5\sqrt{R_{pp}\delta'_{pmin}}$,则此应力属于一次局部薄膜应力;

  3) 二次应力——试验元件上结构不连续部位为满足变形协调条件在其邻近区域引起的局部弯曲应力。

为方便起见,将只有一次应力的区域称为低应力区;将有一次局部薄膜应力或二次应力的区域称为高应力区。

d) 作出低应力区域中内外壁平均应力的当量应力最大点的 σ'_{pdmax}-p 关系直线,从该线上定出相应于 $[\sigma]$ 的压力 p_{ys1}(图 60)。

e) 作出低应力区域中当量应力最大点的 σ'_{dmax}-p 关系直线,从该线上定出相应于 1.5$[\sigma]$ 的压力 p_{ys2}(图 61)。

f) 作出高应力区域中内外壁平均应力的当量应力最大点的 σ_{pdmax}-p 关系直线,从该线上定出相应于 1.5$[\sigma]$ 的压力 p_{ys3}(图 62)。

g) 作出高应力区域中当量应力最大点的 σ_{dmax}-p 关系直线,从该线上定出相应于 3$[\sigma]$ 的压力 p_{ys4}(图 63)。

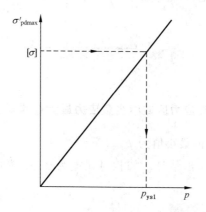

图 60 低应力区域中内外壁平均应力的当量应力最大点的 σ'_{dmax}-p 直线

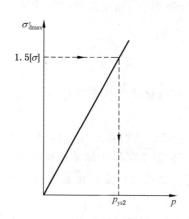

图 61 低应力区域中当量应力最大点的 σ'_{pdmax}-p 直线

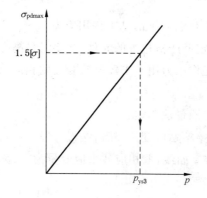

图 62 高应力区域中内外壁平均应力的当量应力最大点的 σ_{pdmax}-p 直线

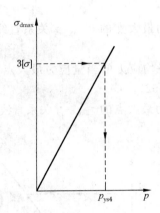

图 63　高应力区域中当量应力最大点的 σ_{dmax}-p 直线

h)　取 p_{ys1}、p_{ys2}、p_{ys3}、p_{ys4} 中的最小值为 p_{ysmin}。

i)　对应变测量的相对误差作出估计。如相对误差为 Δ，则按式(128)确定元件的最高允许工作压力：

$$[p]=\frac{p_{ysmin}}{1+\Delta} \quad\quad\quad\quad\quad\quad\cdots\cdots\cdots\cdots\cdots\cdots\cdots（128）$$

按式(128)确定的最高允许工作压力 $[p]$ 用于未经试验验证的相同元件时，应按实际情况考虑温度和厚度差异，进行修正。

15.4　屈服验证法

本方法只适用于工作温度小于该钢材持久强度对基本许用应力起控制作用的温度的元件，并且元件材料应满足以下条件：

$$\frac{\text{试验温度时最小保证屈服点}}{\text{试验温度时最小保证抗拉强度}}\leqslant 0.6$$

进行屈服验证的元件在试验前应是没有形变硬化和内应力的，也未受过液压试验，否则，元件应在消除应力热处理后进行此项验证试验。

元件的最高允许工作压力按式(129)确定：

$$[p]=0.75\frac{p_{ss}[\sigma]_J\varphi_w}{\sigma_{sls}} \quad\quad\quad\quad\cdots\cdots\cdots\cdots\cdots\cdots\cdots（129）$$

式中，$[\sigma]_J$ 应取元件材料在工作温度下的基本许用应力。

对于投入运行后内外壁能作定期严格检查的元件，必要时最高允许工作压力可放大至 $1.25[p]$。

按式(129)确定的最高允许工作压力用于未经试验验证的相同元件时，应按实际情况考虑厚度差异进行修正。

元件的屈服压力 p_{ss} 可用应变测量法确定：

在可能发生高应力部位的外壁粘贴应变片，然后缓慢分级升压，记录每级压力值及相应的每个测点的应变值，作出应变值最大点的 p-ε 曲线，取相应残余应变量为 0.2% 的压力为 p_{ss}（图64）。

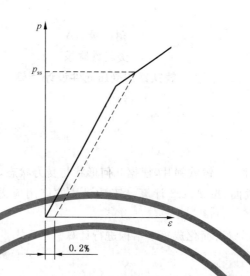

图64　根据应变最大点的 $p-\varepsilon$ 曲线确定 p_{ss} 的方法

15.5　爆破验证法

元件的最高允许工作压力按式(130)确定：

$$[p] = \frac{p_{ss}\delta_{yz}[\sigma]_d\sigma_b}{4\delta_{ys}[\sigma]_t\sigma_b}\varphi_w f \qquad\qquad\qquad (130)$$

对于铸钢元件，f 取为0.7；对于其他元件，均取 $f=1.0$。

15.6　低周疲劳试验法

试验方法参照 GB/T 9252—2001。

15.7　应力分析验证法

15.7.1　设计单位的职责如下：

a)　设计单位应对分析设计的条件的准确性和完整性予以确认；

b)　设计单位应对设计文件的条件的准确性和完整性负责；

c)　设计文件至少应包括应力分析报告书、设计简图、计算简化模型图；

d)　采用分析设计技术的部件总图应有应用本部分的设计单位批准标识。

15.7.2　应力分析计算应符合下列规定：

a)　所采用的有限元计算分析程序应具有完整的程序说明文件、用户手册、标准考题。计算结果应与已有的解析解、数值解或实验结果相比较，以证明计算程序的可靠性。也可应用国际通用的结构分析计算程序；

b)　应力按虚拟线弹性或弹性理论计算，当量应力按最大剪应力理论整理；

c)　应力分类和确定最高允许工作压力的方法按15.3的原则进行。

附　录　A

（资料性附录）

铸铁锅炉受压元件设计计算

A.1　公式计算法

A.1.1　铸铁锅炉受压元件——铸铁锅片，根据几何形状与受力状态，按第 6 章～第 13 章给出的基本公式进行计算。对于矩形截面，按 A.1.2 计算。铸铁锅片的许用应力按 A.1.3 确定，附加厚度按 A.1.4确定。

A.1.2　图 A.1 所示截面形状可简化成矩形结构进行计算。

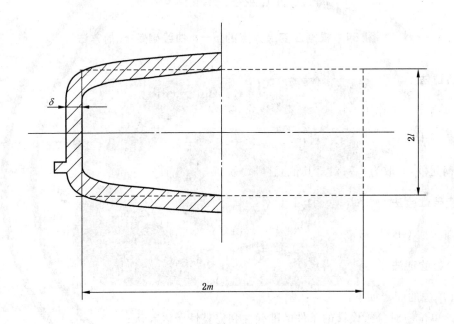

图 A.1

A.1.2.1　矩形结构的设计厚度按式（A.1）、式（A.2）计算。

$$\delta_s = K d_e \sqrt{\frac{p}{[\sigma]}} \quad\quad\quad\quad\quad\quad\quad\quad\quad\quad (A.1)$$

式中 K 取 0.65。

$$\delta \geqslant \delta_s \quad\quad\quad\quad\quad\quad\quad\quad\quad\quad\quad\quad (A.2)$$

A.1.2.2　校核算时，矩形结构的最高允许工作压力按式（A.3）计算。

$$[p] = \left(\frac{\delta - 1}{K d_e}\right)^2 [\sigma] \quad\quad\quad\quad\quad\quad\quad\quad (A.3)$$

A.1.3　许用应力按 GB/T 16508.2 选取。

A.1.4　附加厚度主要用以考虑铸造工艺造成的厚度负偏差，应视各厂工艺水平而定，一般取 $C = 2$ mm。

A.1.5　如计算法确定的最高允许工作压力高于水压试验法 A.2 确定的相应值，可取此较高值。

A.2 水压试验法

A.2.1 水压试验法按下式确定最高允许工作压力：

$$[p] = \frac{p_{bs}}{5} \frac{R_m}{R_{m1}} \quad \cdots\cdots\cdots\cdots\cdots\cdots\cdots\cdots\cdots\cdots\cdots\cdots (A.4)$$

式中，p_{bs}爆破压力；R_{m1}为常温试验抗拉强度。

A.2.2 如水压试验法确定的最高允许工作压力高于公式计算法 A.1 确定的相应值，可取此较高值。

附　录　B
（资料性附录）
矩形集箱设计计算

B.1　矩形集箱

本章计算方法适用于压力不大于 2.5 MPa 的矩形集箱。

B.1.1　结构要求

B.1.1.1　矩形集箱的结构应符合相关锅炉规范的要求,采用全焊透的对接焊接,如图 B.1。

B.1.1.2　矩形集箱的焊缝不允许布置在集箱角上,如图 B.2、图 B.3 所示。

　　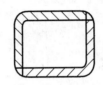　　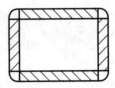

图 B.1　有纵向焊缝的集箱　　图 B.2　有角焊缝的集箱　　图 B.3　用四块平板角焊成的集箱

B.1.1.3　集箱内圆角半径 r(图 B.4)应满足以下要求:

$$r \geqslant \frac{1}{3}\delta, 且\ r \geqslant 6\ \text{mm}$$

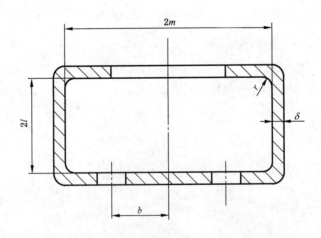

图 B.4　集箱内圆角半径

B.1.1.4　矩形截面的集箱或管子在各个侧面应具有相同的厚度。在一个面和/或其对称面上开孔后,其相距 90°的面上不得开孔,开孔应在一条直线上或两条相平行的直线上开圆形孔。椭圆形开孔只能位于一条直线上。开孔直线应与纵轴相平行,且要求 $b \leqslant m/2$。见图 B.5、图 B.6。

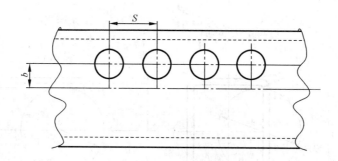

图 B.5　矩形集箱开孔

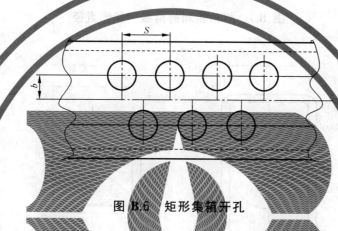

图 B.6　矩形集箱开孔

B.1.2　矩形集箱的筒板和平端盖

B.1.2.1　矩形集箱的筒板和平端盖的设计厚度按式(B.1)计算：

$$\delta_s = K d_e \sqrt{\dfrac{p}{[\sigma]}}$$ ························(B.1)

B.1.2.2　矩形集箱的筒板和平端盖名义厚度应满足：

$$\delta \geqslant \delta_s$$ ························(B.2)

B.1.2.3　校核计算时，矩形集箱的筒板和平端盖的最高允许工作压力按式(B.3)计算：

$$[p] = \left(\dfrac{\delta - 1}{K d_e}\right)^2 [\sigma]$$ ························(B.3)

B.1.2.4　矩形集箱的筒板和平端盖的计算压力 p 按 5.7 确定。

B.1.2.5　矩形集箱的筒板和平端盖的计算温度 t_c 按 5.6 确定。

B.1.2.6　系数 K 按表 B.1 选取。系数 K 取两支撑点相应值的算术平均值再增加 10%。

表 B.1　系数 K

元件名称	系数 K		
l/m	1.0	0.75	0.5
矩形集箱的筒板($\eta=1.25$)	0.65	0.65	0.65
矩形集箱的平端盖($\eta=0.75$)	0.5	0.6	0.65

B.1.2.7　矩形集箱的筒板当量圆直径 d_e 为两支撑点画圆(支撑点为矩形长边的弯边起点)，如图 B.7。

矩形集箱的平端盖当量圆直径 d_e 为两支撑点画圆（矩形短边弯边起点）或四支撑点画圆（正方形弯边起点），如图 B.8。

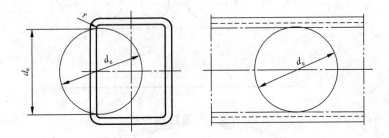

图 B.7　矩形集箱的筒板当量圆直径

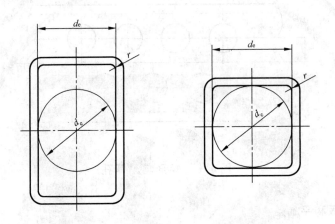

图 B.8　矩形集箱平端盖当量圆直径

B.1.2.8　支撑点和支点线的确定按第 9 章。

B.2　矩形截面环形集箱

B.2.1　结构要求

B.2.1.1　贯流式矩形截面环形集箱的结构应符合相关锅炉规范的要求，采用全焊透的对接焊接。

B.2.1.2　贯流式锅炉的矩形截面环形集箱上下集箱盖板与集箱筒体的连接允许采用 T 形接头，应符合 6.9.5 的规定。

B.2.2　矩形截面环形集箱上下集箱盖板

B.2.2.1　矩形截面环形集箱上下集箱盖板的设计厚度按式（B.4）计算：

$$\delta_s = Kd_e\sqrt{\frac{p}{[\sigma]}} + 1 \qquad \cdots\cdots\cdots\cdots\cdots\cdots\cdots\cdots（B.4）$$

B.2.2.2　上下集箱盖板名义厚度应满足：

$$\delta \geqslant \delta_s$$

B.2.2.3　校核计算时，上下集箱盖板的最高允许工作压力按式（B.5）计算：

$$[p] = \left(\frac{\delta - 1}{Kd_e}\right)^2 [\sigma] \qquad \cdots\cdots\cdots\cdots\cdots\cdots\cdots\cdots（B.5）$$

B.2.2.4 上下集箱盖板的计算压力 p 按 5.7 确定。

B.2.2.5 上下集箱盖板的计算温度 t_c 按 5.6 确定。

B.2.2.6 系数 K 按第 9 章表 14 选取。如支撑点型式不同,则系数 K 取两支撑点相应值的算术平均值再增加 10%。

B.2.2.7 当量圆直径 d_c 为两支撑点画圆,如图 B.9。

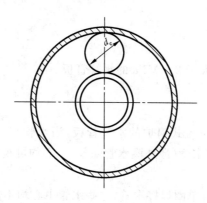

图 B.9

B.2.2.8 支撑点和支点线的确定按第 9 章。

B.2.2.9 如上下集箱盖板是扳边的,则扳边内半径不应小于两倍板厚,且至少应为 38 mm。

B.2.3 矩形截面环形集箱内、外筒体

B.2.3.1 矩形截面环形集箱内筒体按第 7 章相关要求进行计算。

B.2.3.2 矩形截面环形集箱外筒体按第 6 章相关要求进行计算。

附　录　C

（资料性附录）

水管管板设计计算

C.1　水管管板

本章计算方法适用于压力不大于 2.5 MPa 的水管管板。

C.1.1　有拉撑的水管管板

C.1.1.1　对于立式直水管锅炉和贯流式锅炉的水管管板,当水管与管板全部采用焊接连接时,在单根水管稳定性校核满足要求时,这些水管(最外圈水管除外)中心均可视为支撑点。

C.1.1.2　环形水管管板

C.1.1.2.1　当环形水管管板上仅有单圈焊接水管,这些水管中心均不能作为支撑点。

C.1.1.2.2　当环形水管管板上有两圈焊接水管时,以最外圈支点线画圆时,应以内圈水管中心作为支撑点;以最内圈支点线画圆时,应以外圈水管中心作为支撑点。在确定可作为支撑的水管数量 n 时,应取内、外圈管子数量较少的作为 n。

C.1.1.2.3　当环形水管管板上有三圈及以上焊接水管时,最内圈和最外圈水管中心均不能作为支撑点。

C.1.1.3　单根水管稳定性校核

单根水管的失稳临界力:

$$P_{cr} = \frac{\pi^2 EJ}{(\mu L)^2} \quad\quad\quad\quad\cdots\cdots\cdots\cdots\cdots\cdots(C.1)$$

式中:μ 为考虑失稳变形的系数,一般水管与管板焊接时可作为两端固支取 0.5;

$$J = \pi(d_o^4 - d_i^4)/64$$

单根水管的平均轴向载荷:

$$N = \frac{p\pi(D_o^2 - D_i^2 - nd_i^2)}{4n} \quad\quad\quad\cdots\cdots\cdots\cdots\cdots(C.2)$$

安全裕度:$S_m = P_{cr}/N$;

当安全裕度 $S_m \geqslant 4$ 时,可认为水管束稳定条件满足。

C.1.2　有拉撑的水管管板的计算

C.1.2.1　水管管板计算之前,应按 C.1.1.3 进行单根水管稳定性校核。

C.1.2.2　当水管束稳定条件满足时,水管束区以外的管板部分,可按 9.3 给出的管板计算方法进行计算,对于可作为支撑点焊接水管,K 取 0.60。当水管群边缘某些水管中心与最近支点线、最近支点的距离大于 250 mm 时,这些水管的焊接应满足图 40 的要求;两组管束间的宽水区距离大于 250 mm 时,宽水区两侧水管每间隔一根的焊接应满足图 40 的要求。

C.1.2.3　当水管束稳定条件满足时,水管束区以内的管板部分,可按 9.3 给出的管板计算方法进行计算,对于可作为支撑点焊接水管,K 取 0.47。

ICS 27.060.30
J 98

中华人民共和国国家标准

GB/T 16508.4—2013
部分代替 GB/T 16507—1996

锅壳锅炉
第 4 部分：制造、检验与验收

Shell boilers—
Part 4：Fabrication，inspection and acceptance

2013-12-31 发布

2014-07-01 实施

中华人民共和国国家质量监督检验检疫总局
中国国家标准化管理委员会 发布

目 次

前　言

GB/T 16508《锅壳锅炉》分为以下 8 个部分：

——第 1 部分:总则；

——第 2 部分:材料；

——第 3 部分:设计与强度计算；

——第 4 部分:制造、检验与验收；

——第 5 部分:安全附件和仪表；

——第 6 部分:燃烧系统；

——第 7 部分:安装；

——第 8 部分:运行。

本部分为 GB/T 16508 的第 4 部分。

本部分按照 GB/T 1.1—2009 给出的规则起草。

本部分代替 GB/T 16507—1996《固定式锅炉建造规程》中的制造、检验与验收等相关内容，与 GB/T 16507—1996 相比，主要技术变化如下：

a) 增加了第 3 章"术语和定义"；

b) 第 4 章：

——增加了新工艺、新技术和新方法使用的管理规定；

——增加了平管板、拱型管板拼接焊缝的规定；

——增加了波形炉胆尺寸偏差的规定；

——增加了管孔中心距尺寸偏差和管孔尺寸偏差的规定；

——增加了螺纹烟管成形要求的规定；

——修订了焊接工艺评定的有关内容；

——修订了焊前预热和后热的有关内容；

——增加了对热处理炉、热处理工艺和记录的要求；

——修订了受压元件需进行焊后热处理的范围及焊后热处理的要求；

——增加了油漆和包装的规定。

c) 第 5 章：

——修订了产品焊接试件的制作条件、范围及要求；

——取消了产品焊接接头金相和断口检验的规定；

——修订了无损检测方法选择、无损检测时机的规定；

——修订了无损检测方法和比例；

——增加了衍射时差法超声检测方法(TOFD)，并规定了合格级别；

——增加零、部件免做水压试验的规定。

d) 第 6 章：

——增加了出厂资料的规定；

——修改了产品铭牌所包括的内容，增加了设备代码等项目。

e) 增加了附录 A　锅炉焊接管孔。

本部分由全国锅炉压力容器标准化技术委员会(SAC/TC 262)提出并归口。

本部分起草单位:张家港市江南锅炉压力容器有限公司、青岛莅原环境设备有限公司、江苏太湖锅炉股份有限公司、无锡锡能锅炉有限公司、山东华源锅炉有限公司。

本部分主要起草人:张宏、高宏伟、孟向军、顾利平、朱永忠、符广田、强明刚。

锅壳锅炉
第4部分:制造、检验与验收

1 范围

GB/T 16508 的本部分规定了固定式锅壳锅炉的制造、检验及试验、出厂资料及铭牌的要求。

本部分适用于 GB/T 16508.1 范围界定的锅壳锅炉。

2 规范性引用文件

下列文件对于本文件的应用是必不可少的。凡是注日期的引用文件,仅注日期的版本适用于本文件。凡是不注日期的引用文件,其最新版本(包括所有的修改单)适用于本文件。

GB 146.1 标准轨距铁路机车车辆限界

GB 191 包装储运图示标志

GB/T 1804 一般公差 未注公差的线性和角度尺寸的公差

GB/T 2652 焊缝及熔敷金属拉伸试验方法

GB/T 16507.5 水管锅炉 第5部分:制造

GB/T 16508.1 锅壳锅炉 第1部分:总则

GB/T 16508.2 锅壳锅炉 第2部分:材料

GB/T 16508.3 锅壳锅炉 第3部分:设计与强度计算

GB/T 19293 对接接头X射线实时成像检测法

GB/T 25198 压力容器封头

NB/T 47013.10 承压设备无损检测 第10部分:衍射时差法超声检测

JB/T 4730.1~4730.6 承压设备无损检测

NB/T 47014(JB/T 4708) 承压设备焊接工艺评定

NB/T 47015(JB/T 4709) 压力容器焊接工艺规程

NB/T 47016(JB/T 4744) 承压设备产品焊接试件的力学性能检验

TSG G0001 锅炉安全技术监察规程

3 术语和定义

下列术语和定义适用于本文件。

3.1

冷成形 cold forming

在工件材料再结晶温度以下进行的塑性变形加工。

在工程实践中,通常将环境温度下进行的塑性变形加工称为冷成形;介于冷成形和热成形之间的塑性变形加工称为温成形(warm forming)。

3.2

热成形 hot forming

在工件材料再结晶温度以上进行的塑性变形加工。

4 制造

4.1 基本要求

4.1.1 锅炉制造单位及作业人员的资格应符合 GB/T 16508.1 的规定。

4.1.2 锅炉制造用材料应符合设计文件及 GB/T 16508.2 的规定。

4.1.3 锅炉的制造、检验与验收应符合 TSG G0001《锅炉安全技术监察规程》、设计文件和本部分的要求。

4.1.4 对于采用未列入本部分的锅炉制造检验的新工艺、新技术和新方法时,应按 TSG G0001《锅炉安全技术监察规程》的有关规定执行。

4.2 标记及标记移植

4.2.1 受压元件和主要承受载荷的非受压元件(支吊耳、拉撑件)用材料标记应可追溯。在制造过程中,如原标记被裁掉或材料分成几块时,制造单位应规定标记的表达方式,并在材料分割前完成标记的移植。

4.2.2 受压元件焊缝、产品焊接试件焊缝、受压元件与主要承受载荷的非受压元件之间的角焊缝附近应打上焊工代号钢印,或者在含焊缝布置图的焊接记录中记录焊工代号。

4.2.3 无损检测标记应符合 NB/T 47013(JB/T 4730)的规定。

4.2.4 管子弯头内外侧圆弧区域不允许使用硬印标记。

4.3 材料切割

4.3.1 根据钢材特性和规格选择材料切割方法。采用的切割方法应保证加工精度。

4.3.2 热切割时,可根据钢材的类型和厚度对材料进行预热。

4.3.3 采用热切割方法分割材料后,应清除表面熔渣和影响制造质量的表面层。

4.4 冷热成形及组装

4.4.1 冷热成形的一般要求

4.4.1.1 受压元件成形后的实际厚度应不小于设计要求的成品最小成形厚度外,还应满足以下规定:

    a) 管板扳边圆弧、下脚圈及波形炉胆波纹最薄处的厚度不小于设计厚度的 85%;

    b) 受压元件的扳边孔,当没有加强圈或不可能加强时,其直段边缘的厚度不小于该元件设计厚度的 70%。

4.4.1.2 采用经过正火、正火加回火或调质处理的钢材制造的受压元件,宜采用冷成形或温成形;采用温成形时,须避开钢材的回火脆性温度区。

4.4.2 表面修磨

4.4.2.1 制造中应避免材料表面的机械损伤。

4.4.2.2 当符合以下规定时,受压元件表面应进行修磨,修磨斜度最大为 1:3。当超过规定时,应按评定合格的补焊工艺进行补焊及修磨,并按 JB/T 4730 进行表面无损检测,Ⅰ级合格:

    a) 热成形受压元件表面的凹陷深度大于 0.5 mm 但不大于材料厚度的 10% 且不大于 3 mm;

    b) 冷成形受压元件表面的凹陷深度为 0.5 mm~1 mm;

    c) 受压元件表面的凸起高度超过 1 mm。

4.4.2.3 封头人孔内扳边、管板上炉胆孔扳边距扳边弯曲起点大于 5 mm 处的裂口可进行修磨或焊补,修磨或焊补按 4.4.2.2 要求。

4.4.2.4 因钢板质量不符合要求和过烧造成的裂纹、裂口不应补焊。

4.4.3 焊缝布置

4.4.3.1 锅筒（筒体壁厚不相等的除外）、锅壳和炉胆上相邻两筒节的纵向焊缝，以及封头、管板、炉胆顶或者下脚圈的拼接焊缝与相邻筒节的纵向焊缝，都不应彼此相连。其焊缝中心线间距离（外圆弧长）至少为较厚钢板厚度的 3 倍，并且不小于 100 mm。

4.4.3.2 锅炉受热面管子（异种钢接头除外）以及管道直段上，对接焊缝中心线间的距离 L 应满足以下要求：

    a) 外径小于 159 mm，$L \geqslant 2$ 倍外径；

    b) 外径大于或等于 159 mm，$L \geqslant 300$ mm。

当锅炉结构难以满足本条要求时，对接焊缝的热影响区不应重合，并且 $L \geqslant 50$ mm。

4.4.3.3 锅炉受热面管子及管道对接焊缝位置应满足以下规定：

    a) 受热面管子及管道（盘管及成型管件除外）对接焊缝应当位于管子直段上；

    b) 受热面管子的对接焊缝中心线至锅筒（锅壳）及集箱外壁、管子弯曲起点、管子支吊架边缘的距离至少为 50 mm，对于额定工作压力大于或等于 3.8 MPa 的锅炉该距离至少为 70 mm，对于管道该距离应当不小于 100 mm。

4.4.3.4 受压元件主要焊缝及其邻近区域应当避免焊接附件。如果不能够避免，则焊接附件的焊缝可以穿过主要焊缝，而不应当在主要焊缝及其邻近区域终止。

4.4.3.5 胀接管孔不应布置在锅壳筒体的纵向焊缝上，也尽量避免布置在环向焊缝上。

4.4.3.6 集中下降管的管孔不应当开在焊缝上，其他焊接管孔亦应当避免开在焊缝及其热影响区上。

4.4.3.7 对于名义内径大于 1 800 mm 的锅壳，每节筒体纵向拼接焊缝不应多于 3 条；名义内径不大于 1 800 mm 的锅壳及炉胆，每节筒体纵向拼接焊缝不应多于两条。每节筒体纵向焊缝间外圆弧长不应小于 300 mm。

4.4.3.8 筒体拼接时，锅壳、炉胆任一筒节长度不应小于 300 mm，集箱筒体任一筒节长度不应小于 500 mm。

4.4.3.9 名义内径大于 2 200 mm 的管板和封头的拼接焊缝不应多于两条，名义内径不大于 2 200 mm 的管板和封头的拼接焊缝不应多于 1 条。

4.4.3.10 封头的拼接焊缝离封头中心线的距离不应大于封头名义内径的 30%，并不应通过扳边人孔，也不应布置在人孔扳边圆弧上。

4.4.3.11 平管板的整条拼接焊缝不应布置在扳边圆弧上，且不应通过扳边孔。

4.4.3.12 拱型管板拼接焊缝与平直部分和凸形部分相交线的距离不应超过当量内径的 30%（中心线按边缘烟管管排中心线算起）。

4.4.3.13 下脚圈的拼接焊缝应径向布置，两焊缝中心线间的最短外圆弧长不应小于 300 mm。

4.4.4 坡口加工

4.4.4.1 焊接接头的坡口形式、尺寸和装配间隙应符合设计文件的规定。

4.4.4.2 坡口表面不应有裂纹、分层、夹杂物等缺陷。

4.4.4.3 标准抗拉强度下限值 $R_m \geqslant 540$ MPa 的低合金钢材及 Cr-Mo 低合金钢材经热切割的坡口表面，加工完成后应按 JB/T 4730.4 进行磁粉检测，Ⅰ 级合格。

4.4.4.4 施焊前，应清除坡口及两侧母材表面至少 20 mm 范围内（以离坡口边缘的距离计）的氧化皮、油污、熔渣及其他有害杂质。

4.4.5 封头、管板和下脚圈

4.4.5.1 封头的结构应符合 GB/T 16508.3 的规定,制造与验收应符合本部分及 GB/T 25198 的规定。

4.4.5.2 封头、管板和下脚圈拼接焊缝两边钢板的实际边缘偏差值不应大于名义板厚的 10%,且不超过 3 mm;当板厚大于 100 mm 时,不超过 6 mm。

4.4.5.3 同一截面上最大内径与最小内径之差,封头不应大于其名义内径的 1%,管板和下脚圈不应大于其名义内径的 0.5%。

4.4.5.4 管板平面度应符合表 1 的规定。

表 1 管板平面度

单位为毫米

名义内径 d	平面度
≤1 000	6
>1 000~1 500	7
>1 500~1 800	8
>1 800~2 200	9
>2 200	10

4.4.5.5 管板和下脚圈的高度偏差为 $^{+5}_{-3}$ mm。

4.4.5.6 封头内表面的形状偏差,用带间隙的全尺寸的内样板检查(见图 1),其最大形状偏差外凸不应大于名义内径的 1.25%,内凹不应大于名义内径的 0.625%。检查时应使样板垂直于待测表面。

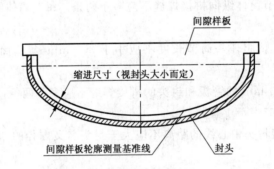

图 1 封头的形状偏差检查

4.4.5.7 管板、下脚圈的转角半径不应小于设计规定值。

4.4.5.8 封头、管板、下脚圈直边部分不应存在纵向褶皱。

4.4.6 锅壳筒体、炉胆、集箱

4.4.6.1 锅壳筒体、炉胆对接接头边缘偏差应符合以下规定:

   a) 纵缝两边钢板的实际边缘偏差值不大于名义板厚的 10%,且不超过 3 mm;当板厚大于 100 mm 时,不超过 6 mm;

   b) 环缝两边钢板的实际边缘偏差值(包括板厚差在内)不大于名义板厚的 15%加上 1 mm,且不超过 6 mm;当板厚大于 100 mm,不超过 10 mm;

c) 不同厚度的两元件或者钢板对接并且边缘已削薄的,按照钢板厚度相同对待,上述的名义板厚指薄板;不同厚度的钢板对接但不带削薄的,则上述的名义板厚指厚板;

d) 锅壳筒体纵、环缝两边的钢板中心线应当对齐,环缝两侧的钢板不等厚时,也允许一侧的边缘对齐;

e) 名义厚度不同的两元件或者钢板对接时,两侧中任何一侧的名义边缘厚度差值如果超过上述规定的边缘偏差值,则厚板的边缘应当削至与薄板边缘平齐,削出的斜面应当平滑,并且斜率不大于 1:3,必要时,焊缝的宽度可以计算在斜面内,参见图 2。

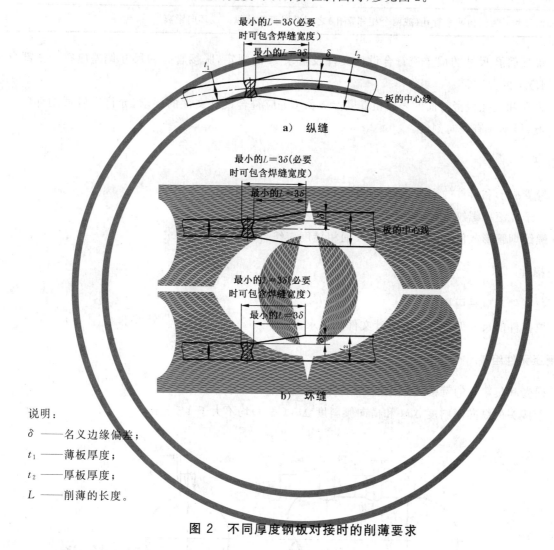

说明:

δ ——名义边缘偏差;

t_1 ——薄板厚度;

t_2 ——厚板厚度;

L ——削薄的长度。

图 2 不同厚度钢板对接时的削薄要求

4.4.6.2 锅壳筒体纵向焊缝的棱角度不应大于 4 mm,炉胆纵向焊缝的棱角度不应大于 3 mm,宜用弦长为名义内径的 1/6,且不少于 300 mm 的样板测量。

4.4.6.3 同一截面上最大内径与最小内径之差,锅壳壳体不应大于其名义内径的 1%,炉胆圆筒形部分不应大于其名义内径的 0.5%。

4.4.6.4 除图样另有规定外,筒体每米长度内的直线度允差不应大于 1.5‰,全长直线度不应大于 7 mm。

4.4.6.5 波形炉胆波距偏差为 ±10 mm,波纹深度偏差为 ±5 mm。

4.4.6.6 锅壳和集箱上的管孔应符合以下规定:

a) 管孔中心距尺寸偏差见表 2;

表 2 管孔中心距尺寸偏差

单位为毫米

公称尺寸 t	偏差	公称尺寸 t	偏差
≤260	纵向±1.5，环向±2.0	>1 000~3 150	±3.0
>260~500	±2.0	>3 150~6 300	±4.0
>500~1 000	±2.5	>6 300	±5.0
注：公称尺寸 t 为任何两个管孔(或两个相邻管孔)之间沿锅壳筒体纵向或环向距离。			

b) 焊接管孔尺寸的偏差应符合设计文件及附录 A 的规定，胀接管孔的尺寸偏差应符合本部分 4.5.4 的要求；

c) 人孔和人孔盖密封面的表面粗糙度参数值 Ra 应符合设计文件的要求，允许有轻微的环向刻痕，但不应有径向刻痕。

4.4.7 管子

4.4.7.1 弯管成形和管件的镦厚、缩颈应符合 GB/T 16507.5 的规定。

4.4.7.2 管子经滚压螺纹后，其表面不应有裂纹、皱褶等缺陷。

4.4.7.3 螺纹烟管形状偏差、尺寸偏差和表面粗糙度应符合设计文件的要求。

4.4.8 拉撑件

4.4.8.1 拉撑件不应采用拼接。

4.4.8.2 拉撑件的尺寸偏差应符合设计文件的要求。

4.4.9 受压元件组装

4.4.9.1 锅壳和集箱上的管接头(集中下降管除外)应符合以下要求：

a) 管接头的纵向倾斜度 Δa_1 和横向倾斜度 Δa_2(图 3)均不大于 1.5 mm；

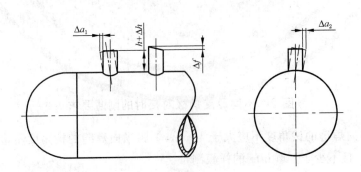

图 3 管接头形状公差

b) 管接头的端面倾斜度 Δf(图 3)不大于 1 mm；

c) 单个管接头的高度偏差 Δh(图 3)不超过±3 mm；

d) 骑座式管接头中心线与管孔中心线间的偏移 e(图 4)不大于 0.5 mm；

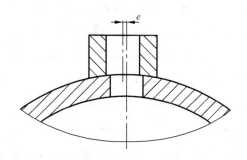

图 4 管接头中心线偏移

　　e)　成排管接头中相邻两管接头管端节距 P 的偏差 ΔP（图5）不超过 ± 3 mm，任意两管接头管端
　　　　节距偏差不超过 ± 6 mm；

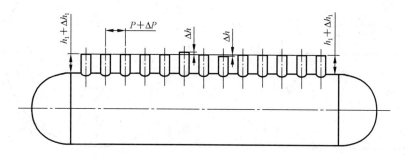

图 5 管接头节距偏差

　　f)　成排等高管接头的高度偏差，两端的两个管接头，Δh_1 不超过 ± 1.5 mm，其余管接头的高度偏
　　　　差以两端管接头的高度为基准线进行测量（图5），Δh 不超过 ± 2 mm。也允许单个进行检查，
　　　　单个检查时的高度偏差不超过 ± 3 mm。

4.4.9.2　集中下降管管接头应符合以下要求：

　　a)　集中下降管管接头的纵向倾斜度 Δa_1 和横向倾斜度 Δa_2 均不大于 3 mm；

　　b)　集中下降管管接头中心线与管孔中心线间的偏移 e 不大于 8 mm；

　　c)　集中下降管管接头的端面倾斜度 Δf 不大于 2 mm；

　　d)　集中下降管管接头的高度偏差 Δh 不超过 ± 4 mm。

4.4.9.3　锅壳和集箱上的接管法兰应符合以下要求：

　　a)　法兰的端面倾斜度 Δf（图6）不大于 2 mm。法兰螺栓孔在螺栓圆上的偏移 Δa 应符合表3的
　　　　要求。法兰高度 H 的偏差不超过 ± 2 mm；

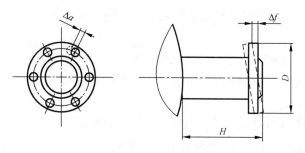

图 6 法兰倾斜度

表 3 法兰螺栓孔偏移 单位为毫米

法兰外径 D	法兰螺栓孔偏移 Δa
≤100	≤1
>100~200	≤2
>200	≤3

b) 水位表法兰位置偏差(图7):Δa 为 ±3 mm,Δb 为 ±2 mm,$\Delta c \leqslant 2$ mm,$\Delta d \leqslant 1.5$ mm。

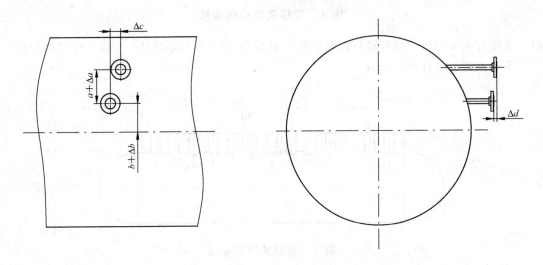

图 7 水位表法兰装配公差

4.4.9.4 烟管与管板装配时,胀接连接应符合 4.5 的要求;对于与 600 ℃ 以上的烟气接触的管板,焊接连接的烟管和拉撑管应采取消除管板与管孔壁的间隙,且管子超出其与管板连接焊缝的长度应符合下列规定:

a) 当烟温大于 600 ℃ 时,不应大于 1.5 mm;

b) 当烟温小于或等于 600 ℃ 时,不应大于 5 mm。

4.5 胀接

4.5.1 一般要求

4.5.1.1 制造单位应当根据锅炉设计图样和试胀结果制定胀接工艺规程。胀接前应当进行试胀。在试胀中,确定合理的胀管率。需要在安装现场进行胀接的锅炉出厂时,锅炉制造单位应当提供适量同牌号的胀接试件。

4.5.1.2 在胀接过程中,应当随时检查胀口的胀接质量,及时发现和消除缺陷。

4.5.1.3 胀接施工单位应根据实际检查和测量结果,做好胀接记录,计算胀管率和核查胀接质量。

4.5.2 胀接技术要求

4.5.2.1 胀接技术要求和质量要求应符合 GB/T 16507.5 的规定。

4.5.2.2 直接与火焰(烟温 800 ℃ 以上)接触的烟管管端应进行 90°扳边。扳边后的管端与管板应紧密接触,其最大间隙 a 应不大于 0.4 mm,且间隙大于 0.05 mm 的长度不应超过管子周长的 20%(图8)。

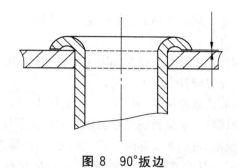

图 8 90°扳边

4.5.2.3 对于与 600 ℃以上的烟气接触的管板或设计有要求的,焊接连接的烟管和拉撑管应进行贴胀。

4.6 焊接

4.6.1 一般要求

4.6.1.1 焊工应按照评定合格的焊接工艺所编制的焊接工艺规程施焊,并做好施焊记录。

4.6.1.2 非本单位的焊接工艺评定不应用于本单位受压元件产品的焊接工作。

4.6.1.3 制造单位应建立焊工技术档案,并对施焊的实际工艺参数和焊缝质量以及焊工遵守工艺纪律情况进行检查与评价。

4.6.2 焊前准备及施焊环境

4.6.2.1 焊条、焊剂及其他焊接材料的贮存库应保持干燥,相对湿度不应大于 60%。

4.6.2.2 当施焊环境出现下列任一情况,且无有效防护措施时,不应施焊:
   a) 焊条电弧焊时风速大于 10 m/s;
   b) 气体保护焊时风速大于 2 m/s;
   c) 相对湿度大于 90%;
   d) 雨、雪环境;
   e) 焊件温度低于−20 ℃。

4.6.2.3 当焊件温度为−20 ℃~0 ℃时,应在始焊处 100 mm 范围内预热到 15 ℃以上。

4.6.3 焊接工艺评定

4.6.3.1 锅炉产品焊接前,以下焊接接头应进行焊接工艺评定:
   a) 受压元件之间的对接焊接接头;
   b) 受压元件之间或者受压元件与承受载荷的非受压元件之间连接的要求全焊透的 T 型接头或角接接头。

4.6.3.2 焊接工艺评定试件(试样)应符合以下要求:
   a) 焊接工艺评定试件(试样)应符合 NB/T 47014(JB/T 4708)的规定;
   b) 额定工作压力大于或等于 3.8 MPa 的锅炉锅筒及集箱类部件的纵向焊缝,当板厚大于 20 mm 但小于或等于 70 mm 时,应当从焊接工艺评定试件(试板)上沿焊缝纵向切取全焊缝金属拉伸试样一个;当板厚大于 70 mm 时,应当取全焊缝金属拉伸试样 2 个。试验方法和取样位置按照 GB/T 2652 执行;
   c) 额定工作压力大于或等于 3.8 MPa 的锅炉锅筒、合金钢材料集箱类部件和管道,如果双面焊壁厚大于或等于 12 mm(单面焊壁厚大于或等于 16 mm)应当做焊缝熔敷金属及热影响区夏比 V 型缺口室温冲击试验;
   d) 焊接试件的材料为合金钢时,额定工作压力大于或等于 3.8 MPa 锅炉锅筒的对接焊缝,额定工

作压力大于或等于 3.8 MPa 锅炉锅筒、集箱类部件上管接头的角焊缝,在焊接工艺评定时应当进行金相检验;

　　e)　水冷壁膜式管屏结构焊接工艺评定应符合 GB/T 16507.5 的规定。

4.6.3.3　焊接工艺评定试验结果评定应符合以下规定:

　　a)　焊接工艺评定试件的检验结果应满足 NB/T 47014(JB/T 4708)的规定;

　　b)　全焊缝金属拉伸试样的试验结果应当满足母材规定的抗拉强度 R_m 或者屈服强度 $R_{p0.2}$。

　　c)　金相检验发现有裂纹、疏松、过烧和超标的异常组织之一者,即为不合格;仅因有超标的异常组织而不合格者,允许检查试件再热处理一次,然后取双倍试样复验(合格后仍须复验力学性能),全部试样复验合格后才为合格。

4.6.3.4　焊接工艺评定文件应符合以下规定:

　　a)　施焊单位应当按产品焊接要求和焊接工艺评定标准编制用于评定的预焊接工艺规程(PWPS),经焊接工艺评定试验合格,形成焊接工艺评定报告(PQR),制定焊接工艺规程(WPS)后方能进行焊接生产;

　　b)　焊接工艺规程至少应包括:焊接方法及机械化程度、材料、厚度范围、焊接坡口、焊接规范、焊接位置、预热温度、焊层数(或焊道数)、焊接材料、热处理要求、施焊技术要求等内容;

　　c)　焊接工艺评定完成后,焊接工艺评定报告和焊接工艺规程应当经过制造单位焊接责任工程师审核,技术负责人批准后存入技术档案。技术档案应保存至该工艺评定失效为止,焊接工艺评定试样应至少保存 5 年。批准后的焊接工艺评定的技术内容不应修改,只允许作编辑性修改补充。

4.6.4　焊接工艺

4.6.4.1　不允许在焊件的非焊接表面引弧,如产生弧坑,应将其磨平或焊补。有裂纹倾向的材料,磨平或焊补后应进行表面无损检测。

4.6.4.2　焊件纵缝两端的引弧板、引出板或产品焊接试件,严禁锤击拆除。

4.6.4.3　焊件装配时不应强力对正。焊件装配和定位焊的质量符合工艺文件的要求后,方能进行焊接。

4.6.4.4　多道焊接时,后道焊接前均应将前道焊缝的表面清理干净。

4.6.4.5　额定工作压力不大于 2.5 MPa 的卧式内燃锅炉以及贯流式锅炉,工作环境烟温小于或等于 600 ℃ 的受压元件 T 型接头焊缝背部能够封焊的部位均应封焊,不能够封焊的部位应采用氩弧焊打底,并保证焊透。

4.6.4.6　立式锅壳锅炉下脚圈与锅壳连接的焊缝应采用氩弧焊打底。

4.6.4.7　在锅壳、炉胆的纵向和环向对接焊中使用了衬垫时,焊接后应将它们除去。

4.6.4.8　锅壳、炉胆纵向和环向对接焊缝焊后打磨平时,应有记录或标记可追踪到焊缝位置。

4.6.4.9　集箱、管子和其他管件的对接焊缝不应使用永久性衬环。

4.6.4.10　管子焊接时,一般应采用多层焊(工艺规定单层焊的除外),各焊层的接头应尽量错开。焊缝背面保护应加入足够的气体将焊缝附近的空气除去以避免根部区域的氧化。

4.6.5　焊前预热和后热

4.6.5.1　焊前预热应符合以下规定:

　　a)　焊前预热及预热温度根据母材交货状态、化学成分、力学性能、焊接性能、厚度及焊件的拘束程度等因素确定,预热温度一般通过焊接性能试验确定;

　　b)　预热要求及推荐最低预热温度符合 NB/T 47015(JB/T 4709)的规定;

　　c)　当焊接两种不同类别材料组成的焊接接头时,预热温度按要求高的材料选用。焊接中断重新施焊时,仍需按规定进行预热;

d) 采用组合焊接工艺时,如果需要预热,对于每个工艺,分别确定预热要求;

e) 需要预热的焊件接头温度在整个焊接过程中不低于预热温度。

4.6.5.2 后热要求应符合以下规定:

a) 对冷裂纹敏感性较大的低合金钢和拘束度较大的焊件应采取后热措施,后热措施应符合工艺文件的要求;

b) 后热温度一般为 200 ℃～350 ℃,保温时间与后热温度、焊缝金属厚度有关,一般不少于 30 min;

c) 后热应在焊后立即进行,如焊后立即进行热处理可不进行后热。

4.6.6 受压元件焊接接头外观检验

受压元件焊接接头(包括受元压件与主要承受载荷非受压元件之间的焊接接头)应当按下列要求进行外观检验:

a) 焊缝外形尺寸应符合设计图样和工艺文件的规定;

b) 对接接头的焊缝高度应不低于母材表面,焊缝与母材应平滑过渡,焊缝和热影响区表面无裂纹、未熔合、夹渣、弧坑和气孔;

c) 锅壳、炉胆、集箱或管道的纵、环缝及封头、管板、下脚圈的拼接焊缝应无咬边,其余焊缝咬边深度不超过 0.5 mm。管子焊缝两侧咬边总长度不超过管子周长的 20%,且不超过 40 mm;

d) 受压元件与承受载荷非受压元件之间连接焊缝与母材应圆滑过渡,焊缝应连续,焊缝及热影响区表面应无裂纹、未熔合、夹渣、弧坑和气孔等,咬边深度不大于 0.5 mm。

4.6.7 焊接返修

4.6.7.1 当焊缝需要返修时,应找出缺陷原因,并按照 4.6.1 的要求制定返修工艺。

4.6.7.2 补焊前,缺陷应彻底清除,不应在与水接触的情况下进行返修。

4.6.7.3 补焊后,补焊区应进行外观和无损检测检查。要求焊后热处理的元件,补焊后应当做焊后热处理。

4.6.7.4 同一位置上的返修不宜超过两次,如果超过两次,应经单位技术负责人批准,返修的部位、次数、返修情况应存入锅炉产品技术档案。

4.7 热处理

4.7.1 基本要求

4.7.1.1 制造单位应当根据相应标准及图样要求在热处理前编制热处理工艺。对需要进行现场热处理的情况,应当提出具体现场热处理的工艺要求。

4.7.1.2 不应使用燃煤炉进行焊后热处理。

4.7.1.3 热处理设备应配有自动记录热处理的时间与温度曲线的装置。测温装置应当能够准确反映工件的实际温度。

4.7.1.4 焊后热处理过程中,应当详细记录热处理规范的各项参数。热处理后有关责任人员应当详细核对各项记录指标是否符合工艺要求。

4.7.2 成形受压元件恢复性能热处理

4.7.2.1 碳素钢及低合金钢钢板采用冷成形时,变形率应不大于 5%。变形率计算按式(1)和式(2)(见图 9):

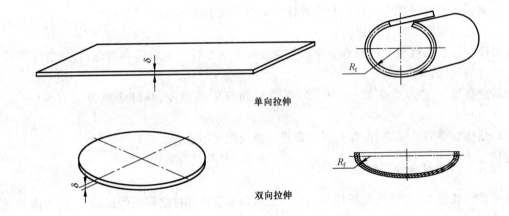

单向拉伸

双向拉伸

图 9 单向拉伸和双向拉伸成形

单向拉伸(如筒体成形):

$$\varepsilon = 50\delta[1-(R_f/R_0)]/R_f \times 100\%$$ ·····················(1)

双向拉伸(如封头成形):

$$\varepsilon = 75\delta[1-(R_f/R_0)]/R_f \times 100\%$$ ·····················(2)

式中:

ε ——变形率,单位为百分比(%);

δ ——板材厚度,单位为毫米(mm);

R_f ——成形后中面半径,单位为毫米(mm);

R_0 ——成形前中面半径(对于平板为∞),单位为毫米(mm)。

当变形率超过以上规定时,且符合下列 a)～c)中任意条件之一者,冷成形后应进行消除应力热处理:

a) 成形前厚度大于 16 mm 者;

b) 成形后减薄量大于 10% 者;

c) 材料要求做冲击试验者。

4.7.2.2 钢管弯制的冷成形受压元件,如弯曲半径不大于 1.3 倍管子外径,对碳素钢和合金钢,应进行消除应力热处理;对奥氏体不锈钢,应进行固溶处理。

4.7.2.3 分步冷成形时,如果不进行中间热处理,则成形件的变形率为各分步成形变形率之和;如果进行中间热处理,则分别计算成形件在中间热处理前、后的变形率之和。

4.7.2.4 如果需消除温成形工件的变形残余应力,则应参照 4.7.2.1、4.7.2.2 对冷成形的条件和要求进行。

4.7.2.5 如果热成形或温成形破坏了材料供货热处理状态,应重新进行热处理,恢复材料供货热处理状态。

4.7.2.6 当对成形温度、恢复材料供货热处理状态的热处理有特殊要求时,应遵循相关标准、规范或设计文件的规定。

4.7.3 焊后热处理

4.7.3.1 受压元件按材料、焊后热处理厚度 δ_{PWHT} 和设计要求确定是否进行焊后热处理。

4.7.3.2 受压元件应在所有焊接(包括非受压元件与其连接的焊接)工作全部结束且经过检验合格后,方可进行焊后热处理。

4.7.3.3 焊后热处理应在压力试验前进行。

4.7.3.4 焊后热处理厚度 δ_{PWHT} 应按以下规定确定：

a) 等厚度全焊透对接接头为母材厚度；

b) 对于对接焊缝和角焊缝为焊缝厚度；对于组合焊缝为对接焊缝和角焊缝厚度中较大值；

c) 不同厚度元件焊接时：

——两相邻对接受压元件为较薄元件母材厚度；

——在壳体上焊接管板、法兰等受压元件时，除图10所示 $\delta_f > \delta_o$ 这一类情况外，取壳体厚度；

——接管、人孔等连接件与壳体、封头相焊时，为连接件颈部焊缝厚度、壳体焊缝厚度、封头焊缝厚度，或补强板、连接件角焊缝厚度之中的较大值；

——接管与法兰相焊时，取接头处接管颈厚度；

——管子与管板焊接时，取焊缝厚度；

——焊接返修时，取其所填充的焊缝金属厚度；

——非受压元件与受压元件焊接时，取焊缝厚度。

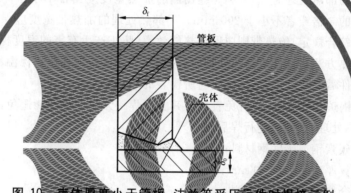

图 10   壳体厚度小于管板、法兰等受压元件时焊接示例

4.7.3.5 锅炉及其受压元件符合以下条件之一者，应进行焊后热处理，焊后热处理应包括受压元件间及其与非受压元件的连接焊缝。

a) 焊后热处理厚度 δ_{PWHT} 符合表4规定者；

表 4   需进行焊后热处理的焊后热处理厚度

单位为毫米

材　料	焊后热处理厚度
Q235B、Q235C、Q235D、Q245R、10、20、20G	$>30^a$
Q345R、16Mn、20MnG、25MnG、20MnMo、13MnNiMoR、	$\geqslant 20$
12CrMo、15CrMo、15CrMoR、12CrMoG、15CrMoG、15MoG、20MoG	>10
12Cr1MoV、12Cr1MoV R、12Cr1MoVG	>6
12Cr2Mo1R、12Cr2MoG、12Cr2Mo1	任意厚度
^a 内燃锅炉的筒体或管板，焊后热处理厚度大于 20 mm 的 T 型接头应进行焊后热处理。	

b) 如果由于结构设计原因，胀接管孔不能够避免开在环向焊缝上时，在管孔周围 60 mm（如果管孔直径大于 60 mm，则取孔径值）范围内的焊缝经过射线或者超声检测合格，并且焊缝在管孔边缘上不存在夹渣缺陷，对开孔部位的焊缝内外表面进行磨平，且该受压部件应进行整体热处理；

    c) 如果由于结构设计原因,焊接管孔不能够避免开在焊缝及其热影响区上时,在管孔周围60 mm(如果管孔直径大于60 mm,则取孔径值)范围内的焊缝经过射线或者超声检测合格,并且焊缝在管孔边缘上不存在夹渣缺陷,管接头应进行焊后消除应力热处理;

    d) 4.7.3.9 的规定要求时;

    e) 当相关标准和图样另有规定时。

4.7.3.6 焊后热处理应符合以下要求:

    a) 异种钢焊接接头焊后需要进行消除应力热处理时,焊后热处理温度应按热处理要求高的钢号执行,其温度不应超过接头两侧任一侧材料的下临界点 A_{c1};

    b) 有再热裂纹倾向的材料,焊后热处理时应防止产生再热裂纹。

4.7.3.7 焊后热处理方法应按以下规定:

    a) 焊后热处理应优先采用在炉内整体加热的方法进行;

    b) 当无法整体热处理时,允许采用分段热处理。如果采用分段热处理,则加热各段至少应有1 500 mm 的重叠部分。炉外部分应采取保温措施,防止产生有害的温度梯度;

    c) 补焊和环缝局部热处理时,焊缝和焊缝两侧的加热宽度应当各不小于焊接接头两侧钢板厚度(取较大值)的 3 倍或者不小于 200 mm。局部热处理的加热带宽度应保证覆盖范围内均温带的温度规范符合规定,绝热带则应保证热能效率,防止产生有害的温度梯度;

    e) 当通过内加热方法对部件进行热处理时,应将部件完全包覆在绝热保温材料内。

4.7.3.8 产品焊接试件需要热处理时,试件应与所代表的产品同炉热处理。

4.7.3.9 热处理后的锅炉受压元件,应避免直接在其上面焊接元件。如不能避免,在同时满足以下条件时,焊后可不再进行热处理,否则应进行焊后热处理:

    a) 受压元件为碳素钢或碳锰钢材料;

    b) 角焊缝的计算厚度不大于 10 mm;

    c) 按照经评定合格的焊接工艺施焊;

    d) 对角焊缝进行 100% 表面无损检测。

4.8　油漆和包装

4.8.1　材料

4.8.1.1 油漆和涂料应具有产品合格证。超过有效储存期的油漆和涂料应重新进行鉴定,合格后方可使用。

4.8.1.2 包装和捆扎用的材料应符合包装设计要求,当没有包装设计时,可因地制宜根据牢固稳妥的原则。

4.8.2　油漆涂层

4.8.2.1 锅壳的外表面应涂底漆和面漆各一层。如锅壳能做到封闭干燥时,其内表面可以不油漆;如不能做到封闭干燥时,其内表面应涂水溶性油漆。

4.8.2.2 锅炉出厂时,管板、炉胆暴露在外的部位应涂面漆一层。

4.8.2.3 集箱和减温器外表面应涂底漆(或面漆)一层。

4.8.2.4 管子的外表面应涂底漆(或面漆)一层。对已有保护层的管子,仅需对弯头或保护层脱落处补漆。

4.8.3　油漆和防锈处理

4.8.3.1 锅炉受压元件应按本部分第 4 章的要求检查合格后方可进行油漆或防锈处理。

4.8.3.2 锅壳、集箱或减温器的内部应清理干净。

4.8.3.3 在油漆或上涂料前,零件的表面应干燥,并应除去其上的油污、铁锈、易剥落的氧化皮、焊接飞溅或其他影响漆膜或涂层质量的杂物。用热卷或热压方法制造的锅壳或集箱,必须将氧化皮清除干净后才能进行油漆或防锈处理。

4.8.3.4 零件的外露加工表面应涂防锈漆或防锈油脂。对需要除锈但又不允许油漆的加工表面,可涂以黄油,对较高等级的精加工表面应涂防锈油脂或无酸性工业凡士林,也可采取其他适宜的防锈措施。

4.8.3.5 应避免在烈日、雨雪或浓雾下进行油漆或防锈施工。

4.8.3.6 经油漆的零部件表面,漆膜应均匀,不应有气泡、夹杂、龟裂、剥落、露底、严重皱皮或杂色等缺陷。否则,应修补合格。

4.8.3.7 漆两层或两层以上的油漆时,应在前层干燥后方可漆下层,对前层漆膜应适当清理并且要防止漏漆。

4.8.4 包装

4.8.4.1 产品的包装应符合包装设计和工艺文件的要求。

4.8.4.2 产品出厂时应附有发货明细表(或发货清单、包装清单,下同)。

4.8.4.3 产品应在油漆干燥并清点合格后方可按发货明细表进行包扎或装箱。对装箱的零部件,应逐箱另行编制相应的装箱清单,装箱时应按装箱清单进行复核并检查装箱质量,合格后,将装箱清单放入箱内才能封箱。制造单位应及时将发货明细表发出,以便用户能据以进行清点和验收。

4.8.4.4 包扎或装箱的零部件应附有标志或标签,标志或标签上应注明生产令号(或工程号、出厂编号、下同)、零部件编号(或图号,下同)、名称和数量等内容。对装箱的零部件、大件或不包装单独出厂的零部件,也可将上述内容用油漆或其他牢固的方法标在明显部位而不必另附标志或标签。

4.8.4.5 凡易损伤或散失的零件均应装箱,不易损坏的零部件可捆扎或夹扎,但应牢固可靠以防在装卸、运输和保存期间松散。

4.8.4.6 零部件装箱时应排列紧密、稳妥牢固,以防止在运输和装卸时在箱内滑动或撞击。对安装时用的紧固件,装箱时应串扎一起或分别包好,并注明所属零部件的图号和数量。

4.8.4.7 精密或易碎的零部件应装箱并充填软性物,以防发生震动或撞击。不宜受潮的零件应当用牛皮纸包好或采用其他防潮措施后,装入用油毡纸垫箱壁的包装箱内。

4.8.4.8 锅壳、集箱和减温器在包装前应清除其内部水分、污垢和杂物。

4.8.4.9 锅壳筒体上胀接管孔应涂防锈油并用油毡纸和木板条复盖;锅筒、集箱或减温器上的管接头和焊接管孔以及不装箱的管子均应封闭。锅筒或集箱上的法兰密封面除涂上防锈油外,还应包上防潮的材料(如牛皮纸、塑料纸或油毡纸等),再用盖子封好。

4.8.4.10 包扎或装箱零部件上的所有活动部分应调整到最小轮廓尺寸并加以固定。

4.8.4.11 零部件装入箱内时位置应尽量对称,重心不宜超过箱高的1/2。

4.8.4.12 包装后在横截面上的最大尺寸应符合 GB 146.1。

4.8.4.13 产品不论装箱还是捆扎均应便于起吊,重要的零部件应有起吊指示,对重量较大的零部件应专门设计起吊结构。

4.8.4.14 每个包装箱上应附有运输作业标志和发货标志,运输作业标志按 GB 191 的规定,发货标志按技术文件的规定。

5 检验和试验

5.1 外观检验

材料切割、零部件的冷热成形及组装、胀接、焊接的外观检验及尺寸偏差应符合第4章的要求。

5.2 通球试验

5.2.1 外径不大于60 mm的对接接头或弯管应进行通球试验,试验用压缩空气的压力约0.6 MPa。通球应采用钢球,通球直径d_b对接接头按表5的规定,弯管按表6的规定。

5.2.2 弯制后进行焊接的管子,通球直径应选用表5和表6中的较小值。

表 5 对接接头通球直径 单位为毫米

d	≤25	>25～40	>40～55	>55
d_b	≥0.75d	≥0.8d	≥0.85d	≥0.9d
注:d为管子的内径。				

表 6 弯管通球直径 单位为毫米

R/D	1.0≤R/D<1.4	1.4≤R/D<1.8	1.8≤R/D<2.5	2.5≤R/D<3.5	≥3.5
d_b	≥0.7d	≥0.75d	≥0.8d	≥0.85d	≥0.9d
注:R为管子弯曲半径,D和d分别为管子的外径和内径。					

5.3 化学成分分析

所有合金钢受压元件、主要承受载荷的非受压元件(支吊耳、拉撑件)及其连接焊缝应逐件进行化学成分光谱验证检验。

5.4 力学性能检验

5.4.1 产品焊接试件的基本要求

为检验产品焊接接头的力学性能,应当焊制产品焊接试件,对于焊接质量稳定的制造单位,经过技术负责人批准,可以免做产品焊接试件。但属于下列情况之一的,应当制作纵缝焊接试件:

a) 制造单位按照首次评定的焊接工艺评定结果制造的前5台锅炉;

b) 用合金钢制作的以及工艺要求进行热处理的锅筒或集箱类部件;

c) 设计图样要求制作焊接试件的锅炉。

5.4.2 产品焊接试件制作

5.4.2.1 每个锅筒(锅壳)、集箱类部件纵缝应当制作一块产品焊接试件,纵缝焊接试件应当作为产品纵缝的延长部分焊接。

5.4.2.2 产品焊接试件应当由焊接该产品的焊工焊接,试件材料、焊接材料、工艺条件等应当与所代表的产品相同,试件焊成后应当打上焊工和检验员代号钢印。

5.4.2.3 需要热处理时,试件应当与所代表的产品同炉热处理。

5.4.2.4 产品焊接试件的数量、尺寸应当满足检验和复验所需要试样的制备。

5.4.3 试样制取和性能检验

5.4.3.1 试件经过外观和无损检测检查后,在合格部位制取试样;

5.4.3.2 试件上制取试样的力学性能检验类别、试样数量、取样和加工要求、试验方法、合格指标及复验应当符合 NB/T 47016(JB/T 4744)的规定,同时锅筒和集箱类部件纵缝还应当按照 4.6.3 的有关规定进行全焊缝拉伸检验。

5.5 无损检测

5.5.1 一般要求

制造单位应当根据设计、工艺及其相关技术文件要求制定无损检测工艺,经试验验证评定合格后方可用于相应产品的无损检测。

5.5.2 无损检测方法

5.5.2.1 厚度小于 2 mm 的对接接头应当采用射线检测方法。

5.5.2.2 厚度大于或等于 20 mm 的对接接头可以采用超声检测方法,超声检测仪宜采用数字式可记录仪器,如果采用模拟式超声检测仪,应当附加 20%局部射线检测。当选用超声衍射时差法(TOFD)时,应当与脉冲回波法(PE)组合进行检测。

5.5.2.3 管子对接接头可以采用射线实时成像检测方法进行射线检测。

5.5.2.4 铁磁性材料制焊接接头表面应当优先采用磁粉检测。

5.5.3 无损检测时机

5.5.3.1 受压件的焊接接头,经形状尺寸和外观质量的检查合格后,才能进行无损检测。

5.5.3.2 有延迟裂纹倾向的材料应当在焊接完成 24 h 后进行无损检测。

5.5.3.3 有再热裂纹倾向材料的焊接接头,应在最终热处理后进行表面无损检测复验。

5.5.3.4 封头(管板)、波形炉胆、下脚圈的拼接接头的无损检测应在加工成型后进行,如果成型前进行无损检测,则应于成型后在小圆弧过渡区域再次进行无损检测。

5.5.3.5 锅壳(炉胆)筒节的无损检测应在最终校圆后进行。

5.5.4 无损检测比例和方法

5.5.4.1 蒸汽锅炉受压部件焊接接头的无损检测比例和方法应符合表7要求。

5.5.4.2 额定工作压力 $p < 3.8$ MPa 且额定出水温度 $t \geqslant 120$ ℃的热水锅炉,无损检测比例及方法应当符合表7中额定工作压力 0.8 MPa $< p < 3.8$ MPa 的蒸汽锅炉要求。

5.5.4.3 额定工作压力 $p < 3.8$ MPa 且额定出水温度 $t \geqslant 120$ ℃的热水锅炉,管子或者管道与无直段弯头的焊接接头应进行 100%RT 或 UT。

5.5.4.4 额定工作压力 $p < 3.8$ MPa 且额定出水温度 $t < 120$ ℃的热水锅炉主要受压元件的主焊缝应进行 10%的 RT 或 UT,集箱、管子、管道和其他管件的环向对接接头以及角接接头可不进行无损检测。

5.5.4.5 如果因结构原因,管孔不能够避免开在焊缝上时,管孔周围 60 mm(如果管孔直径大于 60 mm,则取孔径值)范围内焊缝应按所在焊缝规定的无损检测方法和比例进行。

表 7 无损检测比例和方法

锅炉部件	检测方法及比例			
	$p \geqslant 3.8$	$0.8 < p < 3.8$	$p \leqslant 0.8$ ($V > 50$)	$p \leqslant 0.8$ ($30 \leqslant V \leqslant 50$)
锅壳的纵向和环向对接接头,封头(管板)、下脚圈的拼接接头以及集箱的纵向对接接头	100%RT 或 100%UT		每条焊缝至少 20%RT	10%RT
炉胆的纵向和环向对接接头(包括波形炉胆)、回燃室的对接接头及炉胆顶的拼接接头	—	20%RT		
内燃锅壳锅炉,其管板与锅壳的T型接头,贯流式锅炉集箱筒体T型接头	—	100%RT		
内燃锅壳锅炉,其管板与炉胆、回燃室的T型接头	—	50%UT		
集中下降管角接接头	100%UT	—		
外径大于159 mm或壁厚大于或等于20 mm的集箱、管道和其他管件的环向对接接头	100%RT 或 100%UT			—
外径小于或等于159 mm的集箱、管道、管子环向对接接头(受热面管子接触焊除外)	$p < 9.8$,50%RT或者50%UT(安装工地:接头数的25%)	10%RT		
锅壳、集箱上管接头的角接接头	1) 外径大于108 mm,且全焊透结构的,100%UT; 2) 其他结构的角接接头,至少接头数的20%MT或PT	—		
管子或者管道与无直段弯头的对接接头	100%RT 或 UT			

注:p 为锅炉额定工作压力,MPa;V 为设计正常水位水容积,L。

5.5.5 无损检测标准

5.5.5.1 无损检测方法和评级标准应符合 NB/T 47013.10、JB/T 4730 的要求。

5.5.5.2 管子对接接头 X 射线实时成像,应符合 GB/T 19293 的要求。

5.5.6 无损检测技术要求

5.5.6.1 受压件焊接接头的射线检测技术等级不低于 AB 级时,焊接接头质量等级不低于 Ⅱ 级。

5.5.6.2 受压件焊接接头的超声检测技术等级不低于 B 级时,焊接接头质量等级不低于 Ⅰ 级。

5.5.6.3 表面检测的焊接接头质量等级不低于Ⅰ级。

5.5.7 局部无损检测

5.5.7.1 受压件局部无损检测部位由制造单位确定,但应包括纵缝与环缝的相交对接接头部位、管子或管道与无直段弯头的对接接头部位。

5.5.7.2 经局部无损检测的焊接接头,如果在检测部位任意一端发现缺陷有延伸可能时,应当在缺陷的延长方向进行补充检测。当发现超标缺陷时,应在该缺陷两端的延伸部位各进行不少于200 mm的补充检测,如仍不合格,则应对该条焊接接头进行全部检测。对不合格的接管对接接头,应对该焊工焊接的管子对接接头进行抽查数量双倍数目的补充检测,如仍不合格,应对该焊工当班全部接管焊接接头进行检测。

5.5.7.3 进行局部无损检测的锅炉受压元件,制造单位也应当对未检测部分的质量负责。

5.5.8 组合无损检测技术要求

如果采用多种无损检测方法进行检测时,则应按各自相应验收标准进行评定,均合格后,方可认为无损检测合格;当选用超声衍射时差法(TOFD)时,检测结论应以TOFD与PE方法的结果进行综合判定。

5.5.9 无损检测档案

制造单位应如实填写无损检测记录,正确签发无损检测报告,妥善保管无损检测工艺卡、原始记录、报告、检测部位图、射线底片、光盘或电子文档等资料(含缺陷返修记录),其保存期限不少于7年。

5.6 水压试验

5.6.1 一般要求

5.6.1.1 水压试验应在无损检测和热处理后进行。

5.6.1.2 水压试验场地应当有可靠的安全防护设施。

5.6.1.3 水压试验应在周围环境气温高于或等于5 ℃时进行,低于5 ℃时应有防冻措施。

5.6.1.4 水压试验所用的水应是洁净水,水温应保持高于周围露点的温度以防表面结露,但也不宜温度过高以防止引起汽化和过大的温差应力。

5.6.1.5 合金钢受压件水压试验时,试验温度应高于所用钢种的脆性转变温度。

5.6.1.6 奥氏体钢受压件水压试验时,应控制水中的氯离子的含量不超过25 mg/L,如不能满足要求时,水压试验后应立即将水渍去除干净。

5.6.1.7 试验时如采用压力表测量试验压力,则应使用两只量程相同、并经检定合格且在有效期内的压力表,量程应为试验压力的1.5倍~3倍,最好采用2倍。压力表的精度不应低于1.6级,表盘直径不应小于100 mm。

5.6.2 水压试验前的准备

5.6.2.1 水压试验前受压件内外部应清理干净,无锈斑和涂漆;如内腔需采用镀层处理的,则允许在镀层工序完成后进行。充水时应将内部的空气排尽再封闭排气口。

5.6.2.2 水压试验前,各连接部位的紧固件应装配齐全,并紧固妥当;为进行水压试验而装配的临时受压元件,应采取适当的措施,保证其安全性。

5.6.2.3 试验所用的管路应无堵塞和渗漏,保持正常的工作状态。

5.6.3 水压试验压力及保压时间

5.6.3.1 水压试验压力和应力校核应符合 GB/T 16508.1 的规定。

5.6.3.2 水压试验保压时间应符合以下规定：
 a) 整体水压试验保压时间为 20 min；
 b) 零、部件单件进行试验时，保压时间锅壳至少为 20 min；
 c) 散件出厂锅炉的集箱类部件至少为 5 min；
 d) 对接焊接的受热面管子及其他受压管件至少为 10 s～20 s；
 e) 受热面组件至少为 5 min。

5.6.4 水压试验程序

 进行水压试验时，水压应缓慢地升降。当水压上升到工作压力时，应暂停升压，确认无漏水或者异常现象后继续升压至规定的试验压力，按规定的保压时间进行保压，然后降到工作压力进行检查。检查期间内压力应保持不变，但不应采用连续加压以维持试验压力不变。水压试验完毕后，应将水放尽，并将内部吹干。

5.6.5 水压试验合格要求

5.6.5.1 水压试验过程中应无渗漏、无可见变形和异常声响。

5.6.5.2 水压试验报告应存入产品技术档案内。

5.6.6 零、部件免做水压试验的条件

 敞口集箱、无成排受热面管接头以及内孔焊封底的成排管接头的集箱、管道、减温器、分配集箱等部件，其所有焊缝经过 100% 无损检测合格，以及对接焊接的受热面管及其他受压管件经过氩弧焊打底并且 100% 无损检测合格，能够确保焊接质量，在制造单位内可以不单独进行水压试验。

6 出厂资料及铭牌

6.1 出厂资料

6.1.1 产品出厂时，锅炉制造单位应当提供与安全有关的技术资料，包括以下内容：
 a) 锅炉图样（包括总图、安装图和主要受压部件图）；
 b) 受压元件的强度计算书或计算结果汇总表；
 c) 安全阀排放量的计算书或计算结果汇总表；
 d) 锅炉质量证明书，包括产品合格证、主要受压元件的金属材料证明、焊接质量证明和水压试验报告等；
 e) 锅炉安装说明书、使用说明书和能效说明书；
 f) 受压元件与设计文件不符的变更资料；
 g) 特种设备制造监督检验证书；
 h) 对于定型产品应提供定型产品能效测试报告。

6.1.2 对于额定工作压力≥3.8 MPa 锅炉，除满足 6.1.1 有关要求外，还应当提供以下技术资料：
 a) 锅炉热力计算书或者热力计算结果汇总表；
 b) 过热器、再热器壁温计算书或者计算结果汇总表；
 c) 烟风阻力计算书或者计算结果汇总表；

d) 热膨胀系统图。

6.2 铭牌

6.2.1 锅炉产品应在明显的位置装设金属铭牌,铭牌的右上角应当留有打制造监督检验标志的位置,铭牌上至少载明以下项目:

  a) 制造单位名称;

  b) 锅炉型号;

  c) 设备代码;

  d) 产品编号;

  e) 额定蒸发量(t/h)或者额定热功率(MW);

  f) 额定工作压力(MPa);

  g) 额定蒸汽温度(℃)或者额定出口/进口水温(℃);

  h) 锅炉制造许可证级别和编号;

  i) 制造日期(年、月)。

6.2.2 散件出厂的锅炉,还应在锅壳、过热器集箱、水冷壁集箱、省煤器集箱以及减温器等主要受压部件的封头或端盖上标记该部件的名称(或者图号)、产品编号。

附　录　A

（规范性附录）

锅炉焊接管孔

A.1　管孔型式及加工方法

A.1.1　受压元件上焊接管孔的型式应为插入式、凹座式或骑座式。

A.1.2　对管子外径不大于 108 mm 的插入式圆形径向孔应采用机械加工；对成排的非径向孔应采用机械加工，当采用热切割方法开孔时，应采用仿形热切割或其他更先进的热切割方法。

A.1.3　集箱上与下降管连接的管孔，如管端未开全焊透型坡口，应在集箱上开全焊透型坡口。但当下降管外径不大于 108 mm，且采用插入式连接时，集箱上与下降管连接的管孔可免开坡口。

A.2　管孔尺寸

A.2.1　用机械加工方法开设插入式圆形径向管孔时，管孔直径 d_1 按表 A.1；用机械加工方法开设凹座式管孔时，管孔直径 d_1 和 d_2 按表 A.1，凹座深度 f 按表 A.2。

表 A.1　管孔直径　　　　　　　　　　　　　　　　单位为毫米

管子外径 d_o	凹座管孔直径 d_1	管孔直径 d_2
≤45	$d_o + 0.5$	$d_o - 2t$
>45~108	$d_o + 1.0$	$d_o - 2t$
>108	$d_o + 1.5$	$d_o - 2t$
注：t 为管子名义厚度。		

表 A.2　凹座深度　　　　　　　　　　　　　　　　单位为毫米

管子外径 d_o	锅筒（锅壳）或集箱外径 D_o						
	159	219	273	325	377	426	≥1 000
	凹座深度 f						
14	1.0	1.0	1.0				
16	1.0	1.0	1.0	1.0			
18	1.0	1.0	1.0	1.0	1.0		
22	1.0	1.0	1.0	1.0	1.0	1.0	
25	1.0	1.0	1.0	1.0	1.0	1.0	1.0
28	1.5	1.5	1.0	1.0	1.0	1.0	1.0
32	2.0	1.5	1.5	1.0	1.0	1.0	1.0
38	2.5	2.0	1.5	1.5	1.0	1.0	1.0
42	3.0	2.5	2.0	2.0	1.5	1.0	1.0
45	3.5	2.5	2.0	2.0	1.5	1.5	1.0

表 A.2（续）

单位为毫米

管子外径 d。	锅筒（锅壳）或集箱外径 D。						
	159	219	273	325	377	426	≥1 000
	凹座深度 f						
51	4.5	3.5	2.5	2.5	2.0	1.5	1.0
57	5.5	4.0	3.5	3.0	2.5	2.0	1.0
60	6.0	5.0	4.0	3.0	2.5	2.5	1.0
63.5	7.0	5.0	4.0	3.5	3.0	2.5	1.5
70	8.5	6.0	5.0	4.0	3.5	3.0	2.0
73	9.5	6.5	5.5	4.5	4.0	3.5	2.0
76	10.0	7.0	5.5	4.5	4.0	3.5	2.0
83		8.5	7.0	5.5	5.0	4.5	2.0
89		10.0	8.0	6.5	6.0	5.0	2.0
102			10.0	8.5	7.5	6.5	3.0
108			12.0	9.0	8.0	7.0	3.0
133				14.5	12.5	11.0	4.5
159						15.5	7.0

A.2.2 用热切割方法开设插入式圆形径向孔时，管孔直径不应大于管子外径加 2 mm。

A.2.3 骑座式的管孔，管孔直径应等于管子内径。

A.2.4 焊脚尺寸 K 的数值推荐采用表 A.3 中的数值，下降管连接焊缝的焊脚尺寸由设计人员按焊缝强度选用。

表 A.3 焊脚尺寸

单位为毫米

管子类型	管壁厚度 t	焊脚尺寸 K
除拉撑管以外的其他管子	≤3	4
	>3～4.5	$t+1.5$
	>4.5	$t+2$
拉撑管	—	$t+3$

A.3 制造公差

A.3.1 用机械类加工方法开孔时，管孔直径的偏差按 GB/T 1804 中 C 级（粗糙级），且宜采用正偏差。

A.3.2 用热切割方法开孔时，管孔直径的偏差范围为 ±1 mm。

A.3.3 各类管孔的表面质量应符合下列要求：

  a) 机械加工方法开孔时，管孔的表面粗糙度参数值 Ra 不应大于 25 μm；

  b) 用仿形热切割方法开孔时，管孔的表面粗糙度参数值 Ra 不应大于 50 μm；

  c) 用手工热切割方法开孔时，管孔的表面粗糙度参数值 Ra 不应大于 100 μm。

ICS 27.060.30
J 98

中华人民共和国国家标准

GB/T 16508.5—2013

锅壳锅炉

第 5 部分：安全附件和仪表

Shell boilers—
Part 5：Safety appurtenances and instruments

2013-12-31 发布

2014-07-01 实施

中华人民共和国国家质量监督检验检疫总局
中国国家标准化管理委员会 发布

目　次

前　　言

GB/T 16508《锅壳锅炉》分为以下 8 个部分：
——第 1 部分：总则；
——第 2 部分：材料；
——第 3 部分：设计与强度计算；
——第 4 部分：制造、检验和验收；
——第 5 部分：安全附件和仪表；
——第 6 部分：燃烧系统；
——第 7 部分：安装；
——第 8 部分：运行。

本部分为 GB/T 16508 的第 5 部分。

本部分按照 GB/T 1.1—2009 给出的规则起草。

本部分由全国锅炉压力容器标准化技术委员会(SAC/TC 262)提出并归口。

本部分起草单位：无锡太湖锅炉有限公司、无锡锡能锅炉有限公司、江苏太湖锅炉股份有限公司、泰山集团股份有限公司、上海工业锅炉研究所。

本部分主要起草人：吴钢、朱永忠、顾利平、胡一民、薛建光、赵伟强、周冬雷、钱风华。

锅壳锅炉
第5部分:安全附件和仪表

1 范围

GB/T 16508 的本部分规定了锅壳锅炉安全附件和仪表的设置、选用等要求,包括安全阀、压力测量装置、水位测量装置、温度测量装置、排污和放水装置及安全保护装置。

本部分适用于 GB/T 16508.1 范围界定的锅壳锅炉。

2 规范性引用文件

下列文件对于本文件的应用是必不可少的。凡是注日期的引用文件,仅注日期的版本适用于本文件。凡是不注日期的引用文件,其最新版本(包括所有的修改单)适用于本文件。

GB/T 1576 工业锅炉水质

GB/T 12145 火力发电机组及蒸汽动力设备水汽质量

GB/T 12241 安全阀 一般要求

GB 13271 锅炉大气污染排放标准

GB 50041 锅炉房设计规范

TSG G0001 锅炉安全技术监察规程

TSG G0002 锅炉节能技术监督管理规程

TSG ZF001 安全阀安全技术监察规程

3 术语和定义

下列术语和定义适用于本文件。

3.1

安全附件 safety appurtenances

为了保证锅炉安全运行而设置的附属装置和仪表,包括安全阀、压力测量装置、水位测量装置、温度测量装置、水位报警器、排污装置、联锁保护装置及主要阀门等。

3.2

仪表 instruments

单独地或连同其他设备一起用来进行测量的装置。

3.3

点火安全时间 safety ignition duration

燃烧器点火火焰点燃的安全时间,即无点火火焰形成时,允许点火燃料控制阀处于开启状态的最长时间。

3.4

熄火安全时间 safety flameout duration

燃烧器运行过程中火焰熄火时,从火焰熄灭起至主燃料控制阀开始关闭的时间间隔。

GB/T 16508.5—2013

4 基本要求

4.1 锅炉所配置的安全附件、计量仪表应满足相关法律法规和各自产品标准的要求,并应符合 TSG G0001《锅炉安全技术监察规程》、TSG G0002《锅炉节能技术监督管理规程》的规定,保证锅炉高效、安全、可靠运行。

4.2 锅炉图纸和技术文件所要求的必要部位,均应配置装设压力、水位和温度等测量装置。这些测量装置应具有适当量程并安全可靠,其测量值应有足够的精确度,并按照法规的要求配置就地和远传压力、水位和温度测量装置。

5 安全阀

5.1 基本要求

5.1.1 安全阀制造许可、产品型式试验、铭牌及质量证明书等技术要求应符合 TSG ZF001《安全阀安全技术监察规程》的规定。

5.1.2 每台锅炉至少装设两个安全阀(包括锅筒和过热器安全阀)。符合下列规定之一的,可以只装设一个安全阀:

    a) 额定蒸发量小于或等于 0.5 t/h 的蒸汽锅炉;

    b) 额定蒸发量小于 4 t/h 且装设有可靠的超压联锁保护装置的蒸汽锅炉;

    c) 额定热功率小于或等于 2.8 MW 的热水锅炉。

5.2 安全阀选用

5.2.1 蒸汽锅炉的安全阀应采用全启式的弹簧安全阀、杠杆式安全阀或者控制式安全阀(脉冲式、气动式、液动式和电磁式等),选用的安全阀应符合 TSG ZF001《安全阀安全技术监察规程》和相应技术标准的规定。

5.2.2 对于额定工作压力小于或等于 0.1 MPa 的蒸汽锅炉可以采用静重式安全阀或者水封式安全装置,热水锅炉上装设有水封安全装置时,可以不装设安全阀。水封式安全装置的水封管内径应根据锅炉的额定蒸发量(额定热功率)和额定工作压力确定,并且不小于 25 mm。水封式安全装置的水封管不得装设阀门,且应有防冻措施。

5.3 安全阀的总排放量

5.3.1 蒸汽锅炉锅壳(锅筒)上的安全阀和过热器上的安全阀的总排放量,应大于锅炉额定蒸发量,并在锅壳(锅筒)和过热器上所有安全阀开启后,锅壳(锅筒)内蒸汽压力不应超过设计时计算压力的 1.1 倍。过热器出口处安全阀的排放量应保证过热器有足够的冷却。蒸汽锅炉安全阀的流道直径应不小于 20 mm。排放量应按下列方法之一确定:

    a) 按安全阀制造单位提供的额定排放量;

    b) 按式(1)进行计算;

$$E = 0.235A(10.2p + 1)K \qquad\qquad\cdots\cdots\cdots\cdots\cdots(1)$$

式中:

E ——安全阀的理论排放量,单位为千克每小时(kg/h);

p ——安全阀进口处的蒸汽压力(表压),单位为兆帕(MPa);

A ——安全阀的流道面积,可用 $\dfrac{\pi d^2}{4}$ 计算,单位为平方毫米(mm²);

158

d ——安全阀的流道直径,单位为毫米(mm);

K ——安全阀进口处蒸汽比容修正系数,按式(2)计算:

$$K = K_p \cdot K_g \quad\quad\quad\quad\quad\quad\quad\quad\cdots\cdots\cdots\cdots\cdots\cdots\cdots\cdots\cdots\cdots\cdots(2)$$

式中:

    K_p ——压力修正系数;

    K_g ——过热修正系数;

K、K_p、K_g ——按表1选用和计算。

表 1　安全阀进口处蒸汽比容修正系数

$\dfrac{p}{\text{MPa}}$		K_p	K_g	$K = K_p \cdot K_g$
$p \leqslant 12$	饱和	1	1	1
	过热	1	$\sqrt{V_b/V_g}^{\text{a}}$	$\sqrt{V_b/V_g}^{\text{a}}$
$p > 12$	饱和	$\sqrt{2.1/(10.2p+1)V_b}$	1	$\sqrt{2.1/(10.2p+1)V_g}$
	过热	$\sqrt{2.1/(10.2p+1)V_b}$	$\sqrt{V_b/V_g}^{\text{a}}$	$\sqrt{2.1/(10.2p+1)V_g}$
注: V_g——过热蒸汽比容,m³/kg;V_b——饱和蒸汽比容,m³/kg;T_g——过热度,℃。				
ᵃ $\sqrt{V_b/V_g}$ 亦可用 $\sqrt{1\,000/(1\,000+2.7T_g)}$ 代替。				

c) 按 GB/T 12241 中的公式进行计算。

5.3.2 热水锅炉安全阀的泄放能力应满足所有安全阀开启后锅炉内的压力不超过设计时计算压力1.1倍。安全阀流道直径按下列方法之一确定:

a) 额定出口水温小于 100 ℃的锅炉,按表 2 选取:

表 2　安全阀流道直径

锅炉额定热功率 MW	$Q \leqslant 1.4$	$1.4 < Q \leqslant 7.0$	$Q > 7.0$
安全阀流道直径 mm	$\geqslant 20$	$\geqslant 32$	$\geqslant 50$

b) 额定出口水温大于或等于 100 ℃的锅炉,其安全阀的数量和流道直径应按式(3)计算:

$$ndh = \frac{35.3Q}{C(p+0.1)(i-i_j)} \times 10^6 \quad\quad\cdots\cdots\cdots\cdots\cdots\cdots\cdots\cdots\cdots(3)$$

式中:

n ——安全阀数量;

d ——安全阀流道直径,单位为毫米(mm);

h ——安全阀阀芯开启高度,单位为毫米(mm);

Q ——锅炉额定热功率,单位为兆瓦(MW);

C ——排放系数,按照安全阀制造单位提供的数据,或按以下数值选取:当 $h \leqslant d/20$ 时,$C=135$;当 $h \geqslant d/4$ 时,$C=70$;

p ——安全阀的开启压力,单位为兆帕(MPa);

i ——锅炉额定出水压力下饱和蒸汽焓,单位为千焦每千克(kJ/kg);

i_j——锅炉进水的焓,单位为千焦每千克(kJ/kg)。

5.4 安全阀整定压力

5.4.1 蒸汽锅炉安全阀整定压力应按表3的规定进行调整和校验,锅炉上有一个安全阀按照表3中较低的整定压力进行调整;对有过热器的锅炉,过热器上的安全阀按照较低的整定压力调整,以保证过热器上的安全阀先开启。

表 3 蒸汽锅炉安全阀整定压力

额定工作压力 MPa	安全阀整定压力	
	最低值	最高值
$p \leqslant 0.8$	工作压力加 0.03 MPa	工作压力加 0.05 MPa
$0.8 < p \leqslant 5.9$	1.04 倍工作压力	1.06 倍工作压力
$p > 5.9$	1.05 倍工作压力	1.08 倍工作压力
注:工作压力是指安全阀装置地点的工作压力,对于控制式安全阀是指控制源接出地点的工作压力。		

5.4.2 热水锅炉上的安全阀按表4规定的压力进行整定或校验。

表 4 热水锅炉安全阀整定压力

最低值	最高值
1.10 倍工作压力,但不小于工作压力+0.07 MPa	1.12 倍工作压力,但不小于工作压力+0.10 MPa

5.5 安全阀的启闭压差

安全阀的启闭压差一般应为整定压力的 4%~7%,最大不超过 10%。当整定压力小于 0.3 MPa时,最大启闭压差为 0.03 MPa。

5.6 安全阀的安装

5.6.1 安全阀应垂直安装在锅壳(锅筒)、集箱的最高位置。在安全阀和锅壳(锅筒)之间或者安全阀与集箱之间,不应装设取用蒸汽或者热水的管路和阀门。

5.6.2 几个安全阀如果共同装在一个与锅壳(锅筒)直接相连的短管上,短管的流通截面积应不小于所有安全阀的流通截面积之和。

5.6.3 采用螺纹连接的弹簧安全阀时,应符合 GB/T 12241 的要求。安全阀应与带有螺纹的短管相连接,短管与锅壳(锅筒)或者集箱筒体的连接应采用焊接结构。

5.7 安全阀上的装置

5.7.1 基本要求如下:
　　a) 静重式安全阀应有防止重片飞脱的装置;
　　b) 弹簧式安全阀应有提升手把和防止随便拧动调整螺钉的装置;
　　c) 杠杆式安全阀应有防止重锤自行移动的装置和限制杠杆越出的导架。

5.7.2 控制式安全阀应有可靠的动力源和电源,并符合以下要求:
　　a) 脉冲式安全阀的冲量接入导管上的阀门应保持全开并且加铅封;
　　b) 用压缩空气控制的安全阀应有可靠的气源和电源;

c) 液压控制式安全阀应有可靠的液压传送系统和电源；

d) 电磁控制式安全阀应有可靠的电源。

5.8 蒸汽锅炉安全阀排汽管

5.8.1 排汽管应直通安全地点，并有足够的流通截面积，以保证排汽畅通，同时排汽管应予以固定，不应有任何来自排汽管的外力施加到安全阀上。

5.8.2 安全阀排汽管底部应装有接到安全地点的疏水管，疏水管上不应装设阀门。

5.8.3 两个独立的安全阀的排汽管不应当相连。

5.8.4 安全阀排汽管上如果装有消音器，其结构应有足够的流通截面积和可靠的疏水装置。

5.8.5 露天布置的排汽管如果加装防护罩，防护罩的安装不应妨碍安全阀的正常动作和维修。

5.9 热水锅炉安全阀排水管

热水锅炉的安全阀应装设排水管（采用杠杆安全阀应增加阀芯两侧的排水装置），排水管应直通安全地点，并有足够的排放流通面积，以保证排放畅通。排水管上不应装设阀门，且应有防冻措施。

5.10 安全阀校验

5.10.1 在用锅炉的安全阀每年至少应校验一次，校验一般在锅炉运行状态下进行，如果现场校验有困难时或者对安全阀进行修理后，可以在安全阀校验台上进行。

5.10.2 新安装的锅炉或者安全阀检修、更换后，应当校验其整定压力和密封性。

5.10.3 安全阀经过校验后，应当加锁或者铅封，校验后的安全阀在搬运或者安装过程中，不应摔、砸、碰撞。

5.10.4 控制式安全阀应分别进行控制回路可靠性试验和开启性能检验。

5.10.5 安全阀整定压力、密封性等检验结果应记入锅炉安全技术档案。

5.11 锅炉运行中安全阀使用

5.11.1 锅炉运行中安全阀应定期进行排放试验。对于控制式安全阀，使用单位应当定期对控制系统进行试验。

5.11.2 锅炉运行中安全阀不允许随意解列和任意提高安全阀的整定压力或者使安全阀失效。

6 压力测量装置

6.1 设置

6.1.1 锅炉的以下部位应当装设压力表：

a) 蒸汽锅炉锅壳（锅筒）的蒸汽空间；

b) 给水调节阀前；

c) 省煤器出口；

d) 过热器出口和主汽阀之间；

e) 热水锅炉的锅壳（锅筒）上；

f) 热水锅炉的进水阀出口和出水阀进口；

g) 热水锅炉循环水泵的出口、进口；

h) 燃油锅炉、燃煤锅炉的点火油系统的油泵进口（回油）及出口；

i) 燃气锅炉、燃煤锅炉的点火气系统的气源进口及燃气阀组稳压阀（调压阀）后；

6.1.2 装设压力测量装置的其他要求:

　　a) 除满足 6.1.1 的要求外,额定蒸发量大于或等于 2 t/h、额定热功率大于或等于 1.4 MW 的锅炉炉膛出口处应装设炉膛出口烟气压力测量装置(内燃油气锅炉可免装);

　　b) 额定蒸发量大于或等于 20 t/h 的蒸汽锅炉装设的蒸汽压力测量装置应具有记录功能。

6.2 压力表的选用

压力表的选用应符合以下规定:

a) 压力表应符合相应技术标准的要求;

b) 压力表精确度应不低于 2.5 级,对于额定工作压力大于或等于 3.8 MPa 的锅炉,压力表的精确度应不低于 1.6 级;

c) 压力表的量程应根据工作压力选用,一般为工作压力的 1.5 倍~3.0 倍,最好选用 2 倍;

d) 压力表表盘大小应保证锅炉操作人员清晰辨别指示值,表盘直径应不小于 100 mm。

6.3 压力表校验

压力表在安装前应进行校验,在刻度盘上划出指示工作压力的红线,注明下次校验日期。压力表校验后应当加铅封。

6.4 压力表安装

压力表安装应符合以下要求:

a) 压力表应装设在便于观察和吹洗的位置,且防止受到高温、冰冻和震动的影响;

b) 锅炉蒸汽空间设置的压力表应有存水弯管或者其他冷却蒸汽的措施,热水锅炉用的压力表也应有缓冲弯管,弯管内径应不小于 10 mm;

c) 压力表与弯管之间应装设三通阀门,以便吹洗管路、卸换、校验压力表;

d) 压力表连接管路应与其最高允许工作压力和温度相适应,当温度大于 208 ℃时,不得使用铜管;

e) 当压力表引出部位与监测部位之间垂直距离超过 10 m 时,应考虑液柱静压力的影响。

6.5 压力表停止使用情况

压力表有下列情况之一时,应当停止使用:

a) 有限止钉的压力表在无压力时,指针转动后不能回到限止钉处;没有限止钉的压力表在无压力时,指针离零位的数值超过压力表规定的允许误差;

b) 表面玻璃破碎或者表盘刻度模糊不清;

c) 封印损坏或者超过校验期;

d) 表内泄漏或者指针跳动;

e) 其他影响压力表准确指示的缺陷。

7 水位测量装置

7.1 设置

每台蒸汽锅炉锅壳(锅筒)至少应装设两个彼此独立的直读式水位表,符合下列条件之一的锅炉可以只装设一个直读式水位表:

a) 额定蒸发量小于或等于 0.5 t/h 的锅炉;

b) 额定蒸发量小于或等于 2 t/h,且装有一套可靠的水位示控装置的锅炉;

c) 装设两套各自独立的远程水位测量装置的锅炉；

d) 电加热锅炉。

7.2 结构装置

水位表的结构、装置应符合下列要求：

a) 水位表应有指示最高、最低安全水位和正常水位的明显标志。水位表的下部可见边缘应比最高火界至少高 50 mm、并应比最低安全水位至少低 25 mm，水位表的上部可见边缘应比最高安全水位至少高 25 mm；

b) 玻璃管式水位表应有不妨碍观察真实水位的防护装置，玻璃管内径应不小于 8 mm；

c) 锅炉运行中应能够吹洗和更换玻璃板（管）、云母片；

d) 用 2 个及 2 个以上玻璃板或者云母片组成的一组水位表，应能够连续指示水位；

e) 水位表或者水表柱和锅壳（锅筒）之间阀门的流道直径应不小于 8 mm，汽水连接管内径应不小于 18 mm，连接管长度大于 500 mm 或者有弯曲时，内径应适当放大，以保证水位表灵敏准确；

f) 连接管应尽可能地短，如果连接管不是水平布置时，汽连管中的凝结水能够流向水位表，水连管中的水应能够自行流向锅壳（锅筒）；

g) 水位表应有放水阀门和接到安全地点的放水管；

h) 水位表或者水表柱和锅壳（锅筒）之间的汽水连接管上应当装设阀门，锅炉运行时，阀门应当处于全开位置；对于额定蒸发量小于 0.5 t/h 的锅炉，水位表与锅壳（锅筒）之间的汽水连管上可以不装设阀门。

7.3 安装

水位表的安装应符合下列要求：

a) 水位表应安装在便于观察的地方，当水位表距离操作地面高于 6 m 时，应加装远程水位测量装置或者水位视频监视系统；

b) 用单个或者多个远程水位测量装置监视锅炉水位时，其信号应各自独立取出；在锅炉控制室内应当有两个可靠的远程水位测量装置，同时运行中应当保证有一个直读式水位表正常工作。

8 温度测量装置

8.1 设置

在锅炉相应部位应装设温度测量装置，测量以下温度：

a) 蒸汽锅炉的给水温度（常温给水除外）；

b) 铸铁省煤器出口水温；

c) 过热器出口和多级过热器的每级出口的汽温；

d) 减温器前、后的汽温；

e) 油燃烧器的燃油（轻油除外）进口油温；

f) 空气预热器进口、出口空气温度；

g) 锅炉空气预热器进口烟温；

h) 排烟温度：额定蒸发量大于或等于 20 t/h 蒸汽锅炉或额定热功率大于或等于 14 MW 的热水锅炉装设的排烟温度测量仪表应具有记录功能；

i) 热水锅炉进口、出口水温；

j) 额定蒸发量大于 4 t/h 的蒸汽锅炉或额定热功率大于 2.8 MW 的热水锅炉的炉膛出口烟气温

度(内燃油气锅炉可免装);

　　k) 在蒸汽锅炉过热器出口和额定热功率大于或等于 7 MW 的热水锅炉出口应当装设可记录式
　　　 的温度测量仪表。

8.2 仪表量程

表盘式温度测量仪表的温度测量量程应根据工作温度选用,一般为工作温度 1.5 倍～2 倍。

9 排污和放水装置

9.1 排污和放水装置的装设应当符合以下要求:

　　a) 蒸汽锅炉锅壳(锅筒)、立式锅炉的下脚圈和水循环系统的最低处都应装设排污阀;额定工作压
　　　 力小于 3.8 MPa 的锅炉应采用快开式排污阀门,排污阀的公称通径为 20 mm～65 mm;卧式
　　　 锅壳锅炉锅壳上排污阀的公称通径应不小于 40 mm;

　　b) 额定蒸发量大于 1 t/h 的蒸汽锅炉和额定工作压力小于 3.8 MPa,额定出水温度大于或等于
　　　 120 ℃ 的热水锅炉,排污管上应装设两个串联的阀门,其中至少有一个是排污阀,且安装在靠
　　　 近排污管线出口一侧;

　　c) 过热器系统、省煤器系统的最低集箱(或者管道)处应装设放水阀;

　　d) 有过热器的蒸汽锅炉锅筒应装设连续排污装置;

　　e) 每台锅炉应装设独立的排污管,排污管尽量减少弯头,保证排污畅通并接到安全地点或者排污
　　　 膨胀箱(扩容器);如果采用有压力的排污膨胀箱时,排污膨胀箱上需安装安全阀;

　　f) 多台锅炉合用一根排放总管时,应避免两台以上的锅炉同时排污;

　　g) 锅炉的排污阀、排污管不宜采用螺纹连接。

9.2 热水锅炉的出水管一般应设在锅炉最高处,在出水阀前出水管的最高处应当装设集气装置,每一
个回路的最高处以及锅壳(锅筒)最高处或者出水管上都应装设公称通径不小于 20 mm 的排气阀,每台
锅炉各回路最高处的排气管宜采用集中排列方式。

9.3 热水锅炉的锅壳(锅筒)最高处或者出水管上应装设泄放管,其内径应根据锅炉的额定热功率确
定,并且不小于 25 mm;泄放管上应装设泄放阀,锅炉正常运行时,泄放阀处于关闭状态;装设泄放阀的
锅炉,其锅壳(锅筒)或者出水管上可不装设排气阀。

9.4 热水锅炉锅壳(锅筒)及每个循环回路下集箱的最低处应装设排污阀或者放水阀。

10 安全保护装置

10.1 基本要求

10.1.1 蒸汽锅炉应装设高、低水位报警及低水位联锁保护装置(高、低水位报警信号应能区分),保护
装置最迟应在最低安全水位时动作。

10.1.2 额定蒸发量大于或等于 6 t/h 的锅炉,应装设蒸汽超压报警和联锁保护装置,超压联锁保护装
置动作整定值应当低于安全阀较低整定压力值。

10.1.3 安置在多层或者高层建筑物内的锅炉应配备超压(温)联锁保护装置。

10.1.4 燃气锅炉应当设置燃气泄漏监测报警装置。

10.1.5 以下范围内的热水锅炉应装设超温报警装置和联锁保护装置:

　　a) 额定工作压力小于 3.8 MPa,且额定出水温度小于 120 ℃、额定热功率大于或等于 7 MW;

　　b) 额定工作压力小于 3.8 MPa,且额定出水温度大于或等于 120 ℃。

10.1.6 层燃热水锅炉应装设当锅炉的压力降低到会发生汽化或者水温超过规定值以及循环水泵突然

停止运转时,能够自动切断鼓、引风的装置。

10.1.7 室燃锅炉应装设具有以下功能的联锁装置:

　　a) 全部引风机跳闸时,自动切断全部送风和燃料供应;

　　b) 全部送风机跳闸时,自动切断全部燃料供应;

　　c) 燃油及其雾化工质的压力、燃气压力低于规定值时,自动切断燃油或者燃气供应;

　　d) 热水锅炉压力降低到会发生汽化或者水温升高超过了规定值时,自动切断燃料供应;

　　e) 热水锅炉循环水泵突然停止运转,备用泵无法正常启动时,自动切断燃料供应。

10.1.8 锅炉的过热器应根据锅炉运行方式、自控条件和过热器设计结构等采取相应的保护措施,以防止金属壁超温。

10.2 点火程序控制与熄火保护

室燃锅炉应当装设点火程序控制装置和熄火保护装置,并且满足以下要求:

　　a) 在点火程序控制中,点火前的总通风量不小于3倍的从炉膛到烟囱进口烟道总容积;锅壳锅炉、贯流锅炉的通风时间至少持续20 s;

　　b) 单位时间通风量一般保持额定负荷下的总燃烧空气量;

　　c) 熄火保护装置动作时,应保证自动切断燃料供给。

10.3 油、气体和煤粉锅炉燃烧器安全时间与启动热功率

10.3.1 燃烧器点火、熄火安全时间

用油、气体和煤粉作燃料的锅炉,其燃烧器应保证点火、熄火安全时间符合表5、表6和表7的要求。

表 5 燃油燃烧器安全时间要求

额定燃油量 kg/h	点火安全时间 s	熄火安全时间 s
≤30	≤10	≤1[a]
>30	≤5	≤1[a]

[a] 如果燃油在50 ℃时的运动黏度大于20 mm²/s,此值可增至3 s。

表 6 燃气燃烧器安全时间要求

单位为秒

点火安全时间	熄火安全时间
≤5	≤1

表 7 燃煤粉燃烧器安全时间要求

单位为秒

点火安全时间	熄火安全时间
—	≤5

10.3.2 燃烧器启动热功率

10.3.2.1 燃油锅炉燃烧器点火时的启动热功率应符合下列要求:

a) 单台额定燃油量 B_e 小于或等于 100 kg/h 的燃油燃烧器可在额定输出热功率下直接点火；

b) 单台额定燃油量 B_e 大于 100 kg/h 的燃油燃烧器，不能在额定输出热功率下直接点火，其最大允许启动流量 B_{smax} 见表8。

表 8 燃油燃烧器最大允许启动流量要求

单台额定燃油量 B_e kg/h	主燃烧器在低燃油量下直接点火 的最大允许启动流量 B_{smax} kg/h	点火燃烧器在低燃油量下 点火的最大允许启动流量 B_{smax} kg/h
$100 < B_e \leqslant 500$	$B_{smax} \leqslant 100$ 或 $B_{smax} \leqslant 70\% B_e$	$B_{smax} \leqslant 100$
$B_e > 500$	$B_{smax} \leqslant 35\% B_e$	$B_{smax} \leqslant 50\% B_e$

10.3.2.2 燃气锅炉燃烧器的启动热功率应符合下列要求：

a) 单台额定输出热功率小于或等于 120 kW 的燃气燃烧器，可在额定输出热功率下直接点火；

b) 单台额定输出热功率大于 120 kW 的燃气燃烧器，启动热功率应不大于 120 kW 或不大于额定输出热功率的 20%。

10.4 其他安全要求

10.4.1 由于事故引起主燃料系统跳闸，灭火后未能及时进行炉膛吹扫的应当尽快实施补充吹扫。不应当向已经熄火停炉的锅炉炉膛内供应燃料。

10.4.2 锅炉运行中联锁保护装置不得随意退出运行，联锁保护装置的备用电源或气源应可靠，不应随意退出备用，且应定期进行备用电源或气源自投试验。

10.4.3 电加热锅炉的电器元件应有可靠的电气绝缘性能和足够的电气耐压强度。

10.4.4 几台锅炉共用一个总烟道时，每台锅炉的支烟道内应装设可靠限位装置的烟道挡板。

10.4.5 锅炉管道上的阀门和烟风系统挡板均应有明显标志，标明阀门和挡板的名称、编号、开关方向和介质流动方向，主要调节阀门还应有开度指示。

10.4.6 阀门、挡板的操作机构均应装设在便于操作的地点。

11 监测计量仪表

11.1 流量

11.1.1 蒸汽流量计量装置

额定蒸发量大于 4 t/h 的蒸汽锅炉主蒸汽阀出口处，应设置蒸汽流量的计量仪表，该仪表应具有指示、积算和记录功能。

11.1.2 给水流量计量装置

在锅炉进口处的给水管上应设置给水流量的计量仪表，该仪表应具有指示、积算和记录功能。

11.1.3 热水锅炉循环水量计量装置

热水锅炉回水进口处应设置循环水流量的计量仪表，该仪表应具有指示、积算和记录功能。

11.1.4 热水锅炉补水量计量装置

额定热功率大于 2.8 MW 热水锅炉补水进口处应设置补水量的计量仪表，该仪表应具有指示、积算和记录功能。

11.2 烟气在线含氧量

额定蒸发量大于 10 t/h 的蒸汽锅炉或额定热功率大于 7 MW 的热水锅炉最后一级受热面后应设置烟气在线含氧量测量仪表。对于额定蒸发量大于或等于 20 t/h 的蒸汽锅炉或额定热功率大于或等于 14 MW 的热水锅炉,装设的烟气含氧量测量仪表还应具有记录功能。

11.3 锅炉燃料量

锅炉应设置燃烧所需燃料量的计量仪表,该仪表应具有指示、积算和记录功能。对于额定蒸发量小于或等于 4 t/h、额定热功率小于或等于 2.8 MW 的燃煤锅炉,燃煤量也可采用人工方式进行积算和记录。

12 其他要求

锅炉配用辅机的设计与制造应满足相应产品标准的规定。

12.1 性能

12.1.1 锅炉配用风机的风量和风压应满足锅炉在额定出力下稳定运行的需要,且具有足够的调节范围和调节灵活性。

12.1.2 锅炉配用水泵的流量和扬程应满足锅炉在额定出力下稳定运行的需要,且具有足够的调节范围。

12.1.3 锅炉配用的水处理设备应保证锅炉给水水质符合 GB/T 1576 和 GB/T 12145 的规定。当锅炉产品使用说明书中注明对水质有特殊要求时,还应符合产品使用说明书的规定。水处理设备出力应能满足锅炉系统最大出力的要求。

12.1.4 锅炉配用的烟气净化设备应使锅炉燃烧产生的污染物排放值符合 GB 13271 的规定。

12.2 环保

各类辅机的单机噪声和锅炉房总体噪声应符合 GB 50041 的规定。

ICS 27.060.30
J 98

中华人民共和国国家标准

GB/T 16508.6—2013

锅壳锅炉
第 6 部分：燃烧系统

Shell boilers—
Part 6: Combustion systems

2013-12-31 发布

2014-07-01 实施

中华人民共和国国家质量监督检验检疫总局
中国国家标准化管理委员会 发布

目　次

前　言

GB/T 16508《锅壳锅炉》分为以下 8 个部分:

——第 1 部分:总则;

——第 2 部分:材料;

——第 3 部分:设计与强度计算;

——第 4 部分:制造、检验和验收;

——第 5 部分:安全附件和仪表;

——第 6 部分:燃烧系统;

——第 7 部分:安装;

——第 8 部分:运行。

本部分为 GB/T 16508 的第 6 部分。

本部分按照 GB/T 1.1—2009 给出的规则起草。

本部分由全国锅炉压力容器标准化技术委员会(SAC/TC 262)提出并归口。

本部分起草单位:泰山集团股份有限公司、山东华源锅炉有限公司、瓦房店永宁机械厂、奥林公司中国代表处。

本部分主要起草人:周冬雷、符广田、周国华、郭国林、胡一民、何峰。

锅壳锅炉
第6部分:燃烧系统

1 范围

GB/T 16508 的本部分规定了锅壳锅炉燃烧系统的技术要求。

本部分适用于 GB/T 16508.1 范围界定的锅壳锅炉燃烧系统,包括:

a) 液体、气体燃料锅炉的燃料进口管线、送风系统、排烟系统、燃烧设备以及所有相关的控制、监测设备;

b) 固体燃料层燃锅炉的送风系统、排烟系统、燃烧设备、除灰(渣)装置以及所有相关的控制、监测设备。

2 规范性引用文件

下列文件对于本文件的应用是必不可少的。凡是注日期的引用文件,仅注日期的版本适用于本文件,凡是不注日期的引用文件,其最新版本(包括所有的修改单)适用于本文件。

GB 13271 锅炉大气污染物排放标准

GB/T 16508.5 锅壳锅炉 第5部分:安全附件和仪表

GB 17820 天然气

GB/T 18342 链条炉排锅炉用煤技术条件

GB/T 21923 固体生物质燃料检验通则

JB/T 3271 链条炉排技术条件

JB/T 3726 锅炉除渣设备 通用技术条件

JB/T 9620 往复炉排技术条件

3 术语与定义

下列术语和定义适用于本文件。

3.1

液体燃料 liquid fuel

在常温下为液态的天然有机燃料及其加工处理所得的液态燃料,如轻油、重油。

3.2

气体燃料 gaseous fuel

在常温下为气态的天然有机燃料或气态的人工燃料。根据相对密度划分为轻气体和重气体。相对密度低于 1.3 的气体为轻气体,如天然气、焦炉煤气、高炉煤气;相对密度高于 1.3 的气体为重气体,如液化石油气。

3.3

固体燃料 solid fuel

呈固态的化石燃料、生物质燃料及其加工处理所得的固态燃料。如各种品质的煤(褐煤、烟煤、贫煤、无烟煤等)、生物质固体燃料等。

3.4

火焰监测装置 flame detector

检测有无火焰或是否脱火并向控制装置发送信号的设备,一般由传感装置(如需要可加装信号放大器)和切换装置组成。

3.5

锁定 interlock

隔断燃料供应,复位要求人工干预。

3.6

相对密度 relative density

在相同压力与温度条件下,气体密度与干空气密度的比值。

3.7

辅助燃烧系统 auxiliary combustion system

为保证安全点火和稳定燃烧而设置的助燃系统。

3.8

点火装置 ignition device

用于保证燃料安全点火的辅助设备。

3.9

漏煤率 rate of riddlings

在试验时间内,炉排每小时平均漏煤(包括漏灰)量占燃煤消耗量的质量比值,用百分数表示。

3.10

炉排横向配风不均匀系数 uneven air distribution coefficient along grate horizontal

衡量风室沿炉排横向风量分配均匀性能的指标,用百分数表示。

4 液体和气体燃料的燃烧系统

4.1 燃料

4.1.1 基本要求

4.1.1.1 在不影响燃烧器安全运行的前提下,液体燃料在燃烧器入口应达到其正常燃烧所要求的黏度。

4.1.1.2 天然气应符合 GB 17820 的规定。

4.1.1.3 对其他类型的燃料,或者当几种不同燃料同时燃烧时,应采取已经过验证的合适技术措施,达到安全、高效燃烧,其燃烧产物的排放应符合 GB 13271 的规定。

4.1.2 燃料进口管线

4.1.2.1 燃油管线应符合下列要求:

a) 燃烧器与固定供油管线的连接宜采用硬管连接,如果采用非金属材料制作的弹性软管,需要有金属材料包裹,并且长度应尽可能短,在安装时应有足够的弯曲半径;

b) 燃油管线安装完成后,应进行强度测试,测试压力为最大允许压力的1.3倍,但最小为0.5 MPa(表压);

c) 燃油管线应安装泄压阀以实现超压保护;

d) 重油加热器应具有温度自动调节装置和高、低油温联锁保护装置,以确保重油达到燃烧器喷嘴雾化要求的黏度。如果重油加热采用蒸汽加热方式,则引出蒸汽的管段应予以保温,以避免烫伤;

e) 供油母管上应设有一只手动快速切断阀,以便能够快速关闭对燃烧器的燃油供应。手动快速切断阀应安装在安全、便于操作的地方。

4.1.2.2 燃气管线应符合下列要求:

a) 燃气燃烧器与燃气管道的连接宜采用硬管连接,如果采用非金属材料制作的弹性软管,应满足燃气管线耐压要求;

b) 燃气管线安装完成后,应采用空气或惰性气体在最大允许压力的 1.5 倍(但不低于 4 kPa)下进行气密性试验及变形测试;

c) 燃气管线应通过一安全切断阀加上一泄压阀来执行必要的超压保护;

d) 燃气控制阀的入口处应装设过滤装置,过滤装置可以与下游的燃气控制阀成为整体。过滤器的孔径应不大于 1.5 mm,过滤器的入口及出口处应设置永久性压力测点;

e) 对于燃用高炉煤气、焦炉煤气等含较多一氧化碳燃料的锅炉,燃气系统应安装一氧化碳在线监测装置;

f) 在主燃气控制阀系的所有自动控制阀的上游,应设置一只手动快速切断阀,以便能够快速切断燃烧器气源。手动快速切断阀应装在安全、便于操作的地方。

4.1.3 燃料的计量

每台锅炉应装设燃料量的指示、积算和记录仪表。

4.2 送风系统

4.2.1 当多个燃烧器共用一台风机时,送风管路上的每个燃烧器前均应装配送风压力测量装置。

4.2.2 对于带多个燃烧器的燃烧系统,当燃烧所需空气是由一共用的供风设备提供时,在每个燃烧器的风管上应装配一关断设备(例如挡板)。关断装置要求如下:

a) 关断装置的开、关位置应有清晰的指示;

b) 切断燃烧器的燃料供给时,应同时自动切断空气供应(必要时,仅保持最小开度)。

4.3 排烟系统

4.3.1 锅炉的排烟系统应有良好的密封性能。

4.3.2 应监测排烟系统的以下运行参数,以满足安全、节能运行要求:

a) 排烟温度;

b) 额定蒸发量大于 4 t/h 的蒸汽锅炉或额定热功率大于 2.8 MW 的热水锅炉,应监测排烟含氧量;

c) 如锅炉带引风机,应监测引风机负荷电流。当蒸汽锅炉的额定蒸发量大于 4 t/h 或热水锅炉的额定热功率大于 2.8 MW 时,应监测引风机进口挡板开度或调速风机转速。

4.3.3 在确保不产生易燃、易爆混合物的前提下,多台锅炉的排烟道可连在一起,并共用一个烟囱。在每台锅炉的支烟道内应装设烟道挡板,挡板应保证可靠密封。挡板应有可靠的限位装置,以保证锅炉运行时挡板处于全开启位置,不能自行关闭。

4.4 燃烧系统

4.4.1 燃烧器的选型

燃烧器的选型应符合以下基本要求:

a) 燃烧器的实际输出功率不小于锅炉热功率除以锅炉热效率。实际输出功率是在克服锅炉烟气阻力前提下燃烧器所应到达的输出功率;

b) 燃烧器的火焰不能与锅炉的燃烧室壁面或炉管直接接触。

4.4.2 燃烧系统的安全与控制要求

4.4.2.1 燃烧器应设有点火装置,并应保证点火燃烧器和主燃烧器的安全点火。

4.4.2.2 火焰监测装置应当符合以下要求:

  a) 燃烧器设有火焰监测装置,能够验证火焰是否建立;

  b) 火焰监测装置的安装位置能够使其不受外部信号的干扰;

  c) 在点火火焰和主火焰分别设有独立的火焰监测装置的场合,点火火焰不能影响主火焰的检测。

4.4.2.3 对于额定燃油量不大于 100 kg/h 的压力雾化燃油燃烧器,油泵与喷嘴之间应设置安全切断阀,可以允许安全切断阀和油泵采用一体化结构,并且应符合以下要求:

  a) 单级式燃烧器应至少设置一套安全切断阀;

  b) 两级或多级调节燃烧器,应给每一个喷嘴设置一套安全切断阀;

  c) 对于装有回油喷嘴的燃烧器,在供油管和回油管上分别设置一套安全切断阀;

  d) 如果喷嘴切断阀经过测试可作为安全切断装置,则可在供油管和回油管上分别设置喷嘴切断阀;

  e) 如果燃油雾化器采用回油喷嘴并且燃油量大于 30 kg/h,则应在回油管上设置油压监测装置,监测回油管内的压力。

4.4.2.4 对于额定燃油量大于 100 kg/h 的压力雾化燃油燃烧器,油泵与喷嘴之间应设置安全切断阀,可以允许安全切断阀和油泵采用一体化结构,并且应当符合以下要求:

  a) 应在供油管上设置两个串联布置的安全切断阀,其中一个安全切断阀是快关型式的,另一个安全切断阀则可作为燃烧室输入热量的最终控制元件,并且其关闭时间不得超过 5 s;

  b) 对于装有回油喷嘴的燃烧器,在回油管上设置两个安全切断阀以及在输出调节器和安全切断阀之间设置一个压力监测装置;

  c) 如果喷嘴切断阀经过测试可作为安全切断阀,则其可以代替安全切断阀分别安装在供油管与回油管上;

  d) 安全切断阀应是联锁的,供油管上的安全切断阀如果是打开的,则回油管上的安全切断阀不能关闭(在多级调节燃烧器满负荷运行的情况下,该要求不适用);联锁装置应能保证在两个安全切断阀之间不会产生过大的增压现象。

4.4.2.5 对于转杯雾化燃油燃烧器和介质雾化燃油燃烧器,其安全切断阀的选取与布置要求可参照压力雾化燃烧器执行。

4.4.2.6 带有预热装置的燃烧器在启动过程中,在达到燃油所要求的最低预热温度前,自动安全关断设备不应切断燃烧器的燃料供应。

4.4.2.7 燃气燃烧器主燃气控制阀系应当符合以下要求:

  a) 燃烧器主燃气控制阀系应配置两只串联的自动安全切断阀或组合阀;

  b) 燃气控制阀关断时,规格小于或者等于 100 mm 的在不超过 1 s 的时间内安全关闭,规格大于 100 mm 的在不超过 3 s 的时间内安全关闭;

  c) 额定输出功率大于 1.2 MW 的燃烧器,主燃气控制阀系应设置有阀门检漏装置;

  d) 燃烧器主燃气控制阀系上游至少设置一只压力传感器;

  e) 设有独立点火燃烧器时,点火火焰已经建立并经火焰监测装置验证后,主燃气控制阀才能开启,建立主火焰。

4.4.2.8 燃油、燃气燃烧器的点火安全时间及熄火安全时间应符合 GB/T 16508.5 中的相关要求。

4.4.2.9 燃烧器启动点火之前,应对燃烧室及烟道进行前吹扫。

4.4.2.9.1 燃油燃烧器前吹扫时间和前吹扫风量应符合以下要求:

  a) 对于额定燃油量不大于 30 kg/h 的燃烧器,能够保证风机在全开启状态下前吹扫时间不少于 5 s;

b) 对于额定燃油量大于 30 kg/h 的燃烧器,前吹扫风量可以小于额定输出功率下的空气流量,前吹扫时间与空气流量成反比例,但是前吹扫时间不能低于 15 s,并且吹扫风量不能低于对应锅炉最大输入热量所需风量的 50%。

除了本条 a)、b)项要求外,前吹扫时间与前吹扫风量还应满足所配套锅炉的设计要求。

4.4.2.9.2 燃气燃烧器前吹扫时间和前吹扫风量应当符合以下要求:

a) 以额定输出功率下的空气流量进行前吹扫的时间不少于 20 s;

b) 以小于额定输出功率下的空气流量进行前吹扫时,前吹扫时间与空气流量成反比例增加,最小吹扫空气流量不低于额定空气流量的 50%。

除了本条 a)、b)项要求外,前吹扫时间与前吹扫风量还应满足所配套锅炉的设计要求。

4.4.2.10 燃油、燃气燃烧器的启动热功率应符合 GB/T 16508.5 的相关要求。

4.4.2.11 以下情况时,燃烧器应当在安全时间内自动切断燃料供应,系统应达到安全联锁:

a) 燃烧器启动时,在前吹扫时间内检测到火焰或在点火安全时间内没有检测到火焰;

b) 燃烧器在运行时火焰突然熄灭;

c) 燃烧器在启动或运行过程中,出现空气监测故障信号;

d) 设有位置验证开关的燃烧器,在启动或运行过程中,燃烧器(或部件)的位置验证异常;

e) 如装有烟气挡板,不能证实挡板完全打开时;

f) 引风机跳闸时;

g) 送风机跳闸时;

h) 若设有烟气再循环,当再循环烟气流量与燃烧器燃烧负荷的比例失调时;

i) 如装有烟气再循环风机,当风机发生故障时;

j) 燃油及其雾化工质的压力、燃气压力低于规定值时;

k) 紧急开关动作时;

l) 与锅炉安全有关的控制参数(如压力、水位、温度等)超限。

当排除 a)~j)的原因后,如果装置允许,通过执行常规启动程序可使燃烧器自动重启。

当出现 k)、l)所述工况时,应达到锁定状态,只能采用人工介入来重新启动。

当出现 b)项的情况,如果燃油燃烧器额定燃油量不大于 30 kg/h 或者火焰熄灭后在重新点火之前的燃油切断时间不超过 1 s,则可以允许燃烧器直接重新点火一次。

4.4.2.12 对于空气流量与燃气流量不同时改变的多级调节或连续调节燃气燃烧器,其空气/燃气控制应满足以下任一要求:

a) 调大火先调空气,调小火先调燃气;

b) 调节过程不能出现燃气过剩的情况。

4.4.2.13 带放散装置的燃气控制阀系,放散管的直径应不小于上游主燃气控制阀有效孔径的 25%。

4.4.2.14 气体燃烧系统关闭过程中,在燃气控制阀系关闭之前,供风系统不能自动关闭。

4.4.2.15 燃烧器在启动及运行过程的任何时候电源中断时,应能够安全联锁,只有人工复位或切断、恢复电源燃烧器才允许重新启动。

4.4.2.16 在设有高压点火装置的部位,应设置明显的警示标志。

4.4.2.17 为能观察点火装置和燃烧器火焰,应在燃烧室或燃烧器上开检查孔。如果有可能有热烟气逸出,则应有保护检查人员安全的措施。

4.4.2.18 应自动控制燃烧器的燃烧负荷。

4.4.2.19 对于额定蒸发量大于 20 t/h 的蒸汽锅炉或额定热功率大于 14 MW 的热水锅炉,应装设燃气、燃油的温度和压力的记录仪表。

4.4.3 燃烧器的节能要求

4.4.3.1 燃烧器在额定负荷下运行时,过量空气系数应低于 1.15,燃烧器在最小负荷时,过量空气系数应低于 1.5。

4.4.3.2 燃烧器应设置空气调节装置,设置调节挡板的,空气挡板的位置有清晰的指示;

4.4.3.3 燃油燃烧设备额定输出热功率大于或等于 4.2 MW 时,需采用燃油流量调节装置,使其输出功率在规定范围内连续可调。连续调节燃烧器的燃油流量调节应当有清晰的指示。

燃气燃烧设备额定输出热功率大于或等于 0.35 MW 时,需采用燃气流量调节装置,使其输出功率在规定范围内可调。燃气燃烧设备额定输出热功率大于或等于 4.2 MW 时,需采用连续调节装置,燃气流量调节应该有清晰的指示。

4.4.3.4 对多级调节或连续调节的燃烧器,空气和燃油(气)调节装置应该能够通过机械、电动或其他方式实现联动。

4.4.4 锅炉安装完成后,应对燃烧器进行调试,调试内容应包括:

   a) 安全性能调试包括气密性(对燃气燃烧器)、安全时间(点火安全时间和熄火安全时间)、前吹扫时间、火焰稳定性、燃气压力开关、空气压力开关等。如配置铰链开关,还应单独测试其连锁功能;

   b) 运行性能调试,包括燃烧器输出热功率范围测试以及运行状态下的燃烧产物排放。

4.4.5 燃烧器技术文件

4.4.5.1 燃烧器产品出厂时,至少应附有以下随机资料:

   a) 产品外形及安装尺寸图;

   b) 电气接线图;

   c) 产品使用说明书;

   d) 产品合格证书;

   e) 产品型式试验合格证书或监督检验抽查合格证书(复印件);

   f) 产品装箱清单。

4.4.5.2 产品使用说明书应当包括以下内容:

   a) 产品结构和工作原理说明;

   b) 产品性能说明(含工作曲线);

   c) 安装要求;

   d) 操作方法的详细说明;

   e) 维护保养说明;

   f) 警告和注意事项。

5 固体燃料的层状燃烧系统

5.1 燃料

5.1.1 燃料的要求

链条炉排锅炉的燃煤应符合 GB/T 18342 及锅炉的设计要求;生物质固体燃料应符合 GB/T 21923 及锅炉的设计要求;其他燃料应与燃烧设备相适应,并符合锅炉的设计要求。

5.1.2 燃料的计量

额定蒸发量大于 4 t/h 的蒸汽锅炉或额定热功率大于 2.8 MW 的热水锅炉,应装设燃料量的指示、积算和记录仪表。

5.2 送风系统

5.2.1 风道(包括炉排装置的承载风箱)应能够承受运行期间产生的机械载荷。

5.2.2 风道应保证密封。如锅炉设置空气预热器,热风道还应进行有效保温。

5.2.3 对配有一、二次风的燃烧系统,宜监测送风的配比。

5.2.4 在送风道上应设置配风调节及关断装置。

5.2.5 应监测送风系统的以下运行参数,以满足安全、节能运行要求:

    a) 额定蒸发量大于 20 t/h 的蒸汽锅炉或额定热功率大于 14 MW 的热水锅炉应监测一次风压及风室压力。如设有二次风还应监测二次风压;

    b) 额定蒸发量大于 4 t/h 的蒸汽锅炉或额定热功率大于 2.8 MW 的热水锅炉,如设置空气预热器,应监测其出口空气温度;

    c) 额定蒸发量大于 4 t/h 的蒸汽锅炉或额定热功率大于 2.8 MW 的热水锅炉应监测送风机进口挡板开度或调速风机转速;

    d) 送风机负荷电流。

5.3 排烟系统

5.3.1 锅炉的排烟系统应有良好的密封性能。

5.3.2 应监测排烟系统的以下运行参数,以满足安全、节能运行要求:

    a) 排烟温度;

    b) 额定蒸发量大于 4 t/h 的蒸汽锅炉或额定热功率大于 2.8 MW 的热水锅炉,应监测排烟含氧量;

    c) 额定蒸发量大于 4 t/h 的蒸汽锅炉或额定热功率大于 2.8 MW 的热水锅炉应监测引风机进口挡板开度或调速风机转速;

    d) 引风机负荷电流。

5.3.3 在确保不产生易燃、易爆混合物的前提下,多台锅炉的排烟道可连在一起,并共用一个烟囱。在每台锅炉的支烟道内应装设烟道挡板,挡板应保证可靠密封。挡板应有可靠的限位装置,以保证锅炉运行时挡板处于全开启位置,不能自行关闭。

5.4 燃烧设备

5.4.1 一般要求

5.4.1.1 燃烧设备应与锅炉结构相适应,并在设计工作条件下完成燃料的持续、稳定和完全燃烧。链条炉排应符合 JB/T 3271 的要求;往复炉排应符合 JB/T 9620 的要求;其他类型的炉排设备可参照 JB/T 3271 中的相关内容,并满足锅炉的设计要求。水冷振动炉排的炉排水冷壁应确保水循环可靠性和承压安全性,并具有抗振动疲劳的能力。

5.4.1.2 链条炉排燃烧设备应装设炉排速度显示仪表。

5.4.1.3 所有与安全有关的控制和保护装置在使用前应进行功能测试。

5.4.1.4 应在适当位置设置检修门。

5.4.2 安全保护

5.4.2.1 一般要求

5.4.2.1.1 锅炉燃烧设备宜设置故障停运报警和保护装置。

5.4.2.1.2 与燃烧设备点火、启动、运行和关闭有关的安全功能应在操作说明书中详细描述。

5.4.2.2 烟道的吹扫

5.4.2.2.1 在锅炉点火前,炉膛、烟气通道和烟气处理系统应得到有效吹扫。

5.4.2.2.2 如锅炉采用电除尘装置,在烟道吹扫期间,电除尘装置应停止运行。

5.4.2.2.3 吹扫期间不应向炉内输送燃料。

5.4.2.2.4 在能确保锅炉安全点火的前提下,可不进行烟道的吹扫。

5.4.2.3 点火过程的安全要求

5.4.2.3.1 如果设置点火设备,应确保其安全运行。

5.4.2.3.2 如果点火设备采用油、气燃料,应符合本部分关于液体和气体燃烧系统的要求。

5.4.2.3.3 为能观察燃烧系统的点火过程,应至少在合适的位置开设一个观火孔,并确保安全观火。

5.4.2.4 启动

5.4.2.4.1 启动期间应保证燃料正常输送。当出现以下情况之一时,应停止向炉内输送燃料:
 a) 炉排设备没有正常运转;
 b) 安全控制装置失灵;
 c) 送风机或引风机没有正常运转;
 d) 除渣设备没有正常运转;
 e) 没有达到安全点火;
 f) 与锅炉安全有关的参数(如水位、温度、压力等)超限。

5.4.2.4.2 当排除 5.4.2.4.1a)～5.4.2.4.1e)的原因后,可直接重新启动;当出现 5.4.2.4.1f)所述情况时,只能采用人工复位来重新启动。

5.4.2.4.3 采用辅助燃烧系统的锅炉,具体操作应参照制造厂家提供的操作说明书。

5.4.2.4.4 如配置点火设备,燃烧系统启动以后,点火设备应保持运转直至稳定燃烧。此后,点火设备应按程序关闭。

5.4.2.5 停炉

5.4.2.5.1 燃烧设备运行期间如出现以下情况之一,应紧急停止送风和输送燃料:
 a) 燃烧设备或除渣设备发生故障;
 b) 安全控制设备发生故障;
 c) 送风机或引风机工作失常;
 d) 与锅炉安全有关的控制参数(如水位、温度、压力等)超限时;
 e) 锅炉使用说明书规定的其他需要紧急停炉的情况。

5.4.2.5.2 当锅炉燃烧系统被关闭时,应同时停止输送燃料。

5.4.2.5.3 按正常停炉步骤停炉或按 5.4.2.5.1 中要求紧急停炉后,炉内余热应紧急散放。

5.4.3 节能要求

5.4.3.1 选用燃料的颗粒度、水分、灰分、发热值、焦渣特性、灰融性等应符合相应的燃烧设备要求,以提高燃烧效率。

5.4.3.2 各种炉排的炉排片(或炉条)应能使炉排保持合适比率和形状的通风截面,以降低漏煤率。

5.4.3.3 炉排横向宽度较宽时宜选用炉排横向配风不均匀系数较低的炉排型式及配风结构,以提高燃烧效率。

5.4.3.4 对燃煤链条炉排锅炉,为提高燃烧效率,宜根据锅炉及燃料情况选择采用分层给煤装置。

5.4.3.5 宜采用均匀布煤(料)装置,以减小炉排横向燃料粒度不均对通风及燃烧的影响。

5.4.4 燃烧设备技术文件

5.4.4.1 燃烧设备出厂时,至少应附有以下随机资料:

a) 产品外形尺寸图,散装出厂的还需有安装尺寸图;

b) 产品使用说明书;

c) 产品合格证书;

d) 产品装箱清单。

5.4.4.2 燃烧设备产品使用说明书应当包括以下内容:

a) 散装出厂的应包含安装说明;

b) 操作方法的说明;

c) 维护保养说明;

d) 在出现操作问题以及其他非正常情况下应采取的措施。

5.5 除灰(渣)装置

5.5.1 一般要求

5.5.1.1 除灰(渣)装置应符合 JB/T 3726 的要求。

5.5.1.2 除灰(渣)空间应与炉膛或烟道隔离。

5.5.1.3 除灰(渣)装置应避免造成人员伤害。

5.5.2 除灰(渣)装置技术文件

5.5.2.1 除灰(渣)装置出厂时,至少应附有以下随机资料:

a) 产品外形尺寸图,散装出厂的还需有安装尺寸图;

b) 产品使用说明书;

c) 产品合格证书;

d) 产品装箱清单。

5.5.2.2 除灰(渣)装置产品使用说明书应当包括以下内容:

a) 散装出厂的应包含安装说明;

b) 操作方法的说明;

c) 维护保养说明;

d) 在出现操作问题以及其他非正常情况下应采取的措施。

ICS 27.060.30
J 98

中华人民共和国国家标准

GB/T 16508.7—2013

锅壳锅炉

第 7 部分：安装

Shell boilers—

Part 7：Installation

2013-12-31 发布

2014-07-01 实施

中华人民共和国国家质量监督检验检疫总局
中国国家标准化管理委员会 发布

目　次

前　　言

GB/T 16508《锅壳锅炉》分为以下 8 个部分：
——第 1 部分：总则；
——第 2 部分：材料；
——第 3 部分：设计与强度计算；
——第 4 部分：制造、检验与验收；
——第 5 部分：安全附件和仪表；
——第 6 部分：燃烧系统；
——第 7 部分：安装；
——第 8 部分：运行。

本部分为 GB/T 16508 的第 7 部分。

本部分按照 GB/T 1.1—2009 给出的规则起草。

本部分由全国锅炉压力容器标准化技术委员会(SAC/TC 262)提出并归口。

本部分起草单位：江苏太湖锅炉股份有限公司、无锡太湖锅炉有限公司、张家港市江南锅炉压力容器有限公司、广东省特种设备检测研究院。

本部分主要起草人：顾利平、吴钢、张宏、喻孟全、刘雪媛、薛建光、高宏伟、李越胜。

锅壳锅炉
第7部分：安装

1 范围

GB/T 16508 的本部分规定了固定式锅壳锅炉的安装要求。

本部分适用于 GB/T 16508.1 范围界定的锅壳锅炉。

2 规范性引用文件

下列文件对于本文件的应用是必不可少的。凡是注日期的引用文件，仅注日期的版本适用于本文件。凡是不注日期的引用文件，其最新版本（包括所有的修改单）适用于本文件。

GB/T 1576　工业锅炉水质

GB/T 2900.48　电工名词术语　锅炉

GB/T 10180　工业锅炉热工性能试验规程

GB/T 16508.1　锅壳锅炉　第 1 部分：总则

GB/T 16508.4　锅壳锅炉　第 4 部分：制造、检验与验收

GB/T 16508.5　锅壳锅炉　第 5 部分：安全附件和仪表

GB 50211　工业炉砌筑工程施工及验收规范

GB 50231　机械设备安装工程施工及验收通用规范

GB 50264　工业设备及管道绝热工程施工及验收规范

GB 50273　锅炉安装工程施工及验收规范

TSG G0001　锅炉安全技术监察规程

TSG G3001　锅炉安装改造单位监督管理规则

3 术语和定义

GB/T 2900.48 界定的以及下列术语和定义适用于本文件。

3.1

炉墙　hoiler seltting

用耐火材料和保温材料等所砌筑或敷设的锅炉外墙。

3.2

烘炉　drying-out

用点火或其他加热方法以一定的温升速度和保温时间烘干炉墙的过程。

3.3

煮炉　boiling-out

用氢氧化钠与磷酸三钠混合溶液注入锅炉汽水系统，在 0.5 MPa～2 MPa 压力下经 24 h～48 h 加热、除油、去垢并使金属内表面钝化的方法。

3.4

运行小时　service hours，SH

处于运行状态的小时数。

4 基本要求

4.1 锅炉安装单位应按照 TSG G3001《锅炉安装改造单位监督管理规则》的规定,取得相应资质后,方可从事许可证允许范围内的锅炉安装工作。

4.2 安装施工单位应当在施工前,将锅炉设备安装情况告知特种设备安全监督部门后,才可进行施工。

4.3 锅炉安装工作应符合 TSG G0001《锅炉安全技术监察规程》的要求,安装过程应经过国家特种设备安全监督检验机构的监督检验,未经监检合格的不得交付使用。

4.4 焊接、无损检测等作业人员的资格应符合 GB/T 16508.1 的规定。

4.5 锅炉在安装过程中,如发现受压部件存在影响安全使用的质量问题时,应停止安装。

4.6 锅炉安装竣工后,安装单位应当在验收后 30 日内将有关技术资料移交使用单位。

4.7 锅炉使用单位应建立锅炉设备的安全技术档案。

5 基础的检查和划线

5.1 锅炉及其辅助设备就位前,应检查基础尺寸和位置,其允许偏差应符合锅炉设备技术文件的规定;当无规定时,应符合 GB 50273 的要求。

5.2 锅壳锅炉安装前,应划出纵向和横向安装基准线及标高基准点。

6 钢架安装

6.1 钢架安装前,应按照施工图样清点构件数量,并对立柱、梁等主要构件进行检查,其允许偏差应符合锅炉设备技术文件的规定;当无规定时,应符合 GB 50273 的要求。

6.2 钢架安装要求如下:

    a) 安装钢架时,宜先根据立柱确定标高线;

    b) 立柱就位后,应按设计要求将柱脚固定在基础上。当需与预埋钢筋焊接固定时,应焊接牢固;

    c) 平台、撑架、扶梯、栏杆、栏杆柱和挡脚板等应安装平直,焊接牢固;栏杆柱的间距应均匀;栏杆接头处的焊缝表面应光滑;

    d) 扶梯的长度、斜度以及扶梯上、下踏脚板与连接平台的间距不应随意更改;

    e) 在平台、扶梯、撑架等构件上,不宜随意割切孔洞。如需切割,在切割后应有加固措施。

6.3 钢架安装允许偏差应符合锅炉设备技术文件的规定;当无规定时,应符合 GB 50273 的要求。

7 锅壳、集箱和受热面管

7.1 安装前准备

7.1.1 锅壳、集箱吊装前,应进行下列内容的检查:

    a) 锅壳、集箱表面和焊接短管均应无机械损伤,焊缝应无明显的裂纹等缺陷;

    b) 检查锅壳、集箱两端水平中心线的位置标记是否超标。如有超标,应根据管孔中心线重新调整;

    c) 按锅炉设备技术文件,对 5%～10%的胀接管孔的表面粗糙度 Ra 进行抽查;当无规定时,应符合 GB 50273 的要求;

    d) 胀接管孔的允许偏差应符合 GB/T 16508.4 的要求。

7.1.2 锅壳、集箱的支座和吊挂装置安装前应进行下列内容的检查:

a) 接触的部位圆弧应吻合,符合设计文件的要求;

b) 支座与钢梁的接触良好;

c) 吊挂装置应牢固,弹簧吊挂装置的安装符合设计文件要求。

7.2 安装的要求

7.2.1 锅壳应在钢架安装固定后,方可起吊就位。非钢梁直接支撑的锅壳,应安置牢固的临时支架,临时支架应在锅炉水压试验进水前拆除。

7.2.2 锅壳、集箱就位时,应按其膨胀方向预留支座的膨胀间隙,并应临时固定。

7.2.3 锅壳内部装置的安装,应进行下列内容的检查:

a) 零部件的数量不得缺少;

b) 蒸汽、给水连接隔板的连接应符合设计文件的要求;

c) 法兰接合面应严密;

d) 连接件的连接应牢固,且有防松装置。

7.3 安装验收要求

锅壳、集箱安装完毕后,应根据纵向和横向安装基准线和标高基准线对锅壳、集箱中心线进行测量,其允许偏差应符合锅炉设备技术文件的规定;当无规定时,应符合 GB 50273 的要求。

7.4 受压元件的焊接

7.4.1 对于锅炉受热面合金钢管子,应按照同炉的要求,焊接 0.5% 的模拟对接接头试件用做检查试件,试件数量不得少于 1 套。

7.4.2 对于合金钢管应逐根进行光谱检查;

7.4.3 在锅炉受压组件的焊缝附近,应采用低应力的钢印打上焊工的代号,或画出焊缝排版图。

7.4.4 锅炉受热面管子及其本体管道的对接接头的内壁应平齐,其错边不应大于壁厚的 10%,且不应大于 1 mm。

7.4.5 焊接管口的端面倾斜度应符合设计图样和工艺文件的规定的要求。

7.4.6 受压组件焊接接头(包括非受压组件与受压组件焊接的接头)应当进行外观检验,检验至少应当满足以下要求:

a) 焊缝的外形尺寸应当符合设计图样和工艺文件的规定;

b) 焊缝的高度不应低于母材表面,焊缝与母材应当平滑过渡,焊缝和热影响区表面无裂纹、夹渣、弧坑和气孔;

c) 焊缝的外观质量符合 GB/T 16508.4 的要求;

d) 受热面管子应做通球检查,通球后的管子应有可靠的封闭措施,通球直径应符合 GB/T 16508.4。

7.4.7 锅炉受热面管子及本体管道焊缝的无损检测应在外观检查合格后进行,并符合下列规定:

a) 锅炉受热面管子的抽检焊接接头数量应为焊接接头总数的 2%~5%;

b) 无损检测应符合 GB/T 16508.4 的要求;

c) 当无损检测的结果不合格时,除应对不合格焊缝进行返修外,尚应对该焊工所焊的同类焊接接头,增做不合格数的双倍复检;当复检仍有不合格时,应对该焊工焊接的同类焊接接头全部做探伤检查;

d) 焊接接头经射线检测发现存在不应有的缺陷时,应找出原因,制定可行的返修方案,方可进行返修;同一位置上的返修次数不应超过 2 次;同一位置上的返修次数不宜超过 2 次,如果超过 2 次,须由单位技术负责人批准,返修的部位、次数、返修情况应存入锅炉产品技术档案。

7.4.8 管子上的所有附属焊接件,均应在水压试验前焊接完毕。

7.4.9 管排安装后的排列应整齐,不得影响砌(挂)砖。

7.4.10 焊后需要热处理时,应在焊接工作全部结束并且经过检验合格后进行,一般采用局部热处理。热处理前应根据相应标准及图样编制热处理工艺;热处理设备应经过检验,且达到热处理工艺要求;焊后热处理各项指标应符合热处理工艺的要求。

7.4.11 焊缝和焊缝两侧的加热宽度应当各不小于焊接接头两侧管壁厚度(取较大值)的 3 倍或不小于200 mm。局部热处理时,应配有足够的绝热保温材料覆盖加热区域以外的元件毗邻区域,从而使其不会产生有害的温度梯度。

7.5 受热面管的胀接

7.5.1 受热面管子胀接安装前,应符合下列要求:
   a) 管子表面不应有重皮、裂纹、压扁和严重锈蚀等缺陷;
   b) 合金钢管应逐根进行光谱检查;
   c) 受热面管应作外形检查及矫正;
   d) 受热面管排列应整齐,局部管段与设计安装位置偏差应符合图样的要求;
   e) 胀接管口的端面倾斜度应符合设计图样和工艺文件的规定的要求。

7.5.2 未经退火的管子胀接端硬度不小于锅壳管板、锅筒的硬度时,应对胀接管子的管端进行退火。当胀接管端硬度小于锅筒管孔壁的硬度时,管端可不进行退火。

7.5.3 胀接前,应清除管端的表面油污,并打磨至发出金属光泽;

7.5.4 胀接时,环境温度宜为 0 ℃ 及以上。胀接时管端内部以及胀接器的滚柱、胀杆上均应涂上润滑油脂,严禁油脂渗入管孔与管子的接触面。

7.5.5 正式胀接前应进行试胀,对试样进行检查、比较、观察;胀口应无裂纹,胀接过渡部分应均匀圆滑,胀管口根部与管孔结合状态应良好,并应检查管孔壁与管子外壁的接触印痕和啮合状况,管壁减薄和管孔变形状况,以确定合理的胀管率。

7.5.6 胀接管端应根据打磨后的管孔直接与管端外径的实测数据进行选配;胀接管孔与管端的最大间隙应符合设计图样和工艺文件的规定的要求;

7.5.7 胀管应符合 GB/T 16508.4 的要求,同时还应注意以下问题:
   a) 管端装入管孔后,应立即进行胀接;
   b) 基准管固定后,宜从中间分向两边胀接;
   c) 胀管率应按测量管子内径在胀接前后的变化值计算(简称内径控制法),或按测量紧靠锅壳外壁处管子胀完后的外径计算(简称外径控制法)。

7.5.8 为保证胀管工作的正常运行,在生产中每班操作人员都应当进行一次试胀。

7.6 水压试验

7.6.1 锅炉的承压汽、水系统及其附属装置安装完毕后,应进行水压试验。铸铁省煤器安装前,宜逐根(或组)进行水压试验。

7.6.2 主汽阀、出水阀、排污阀和给水截止阀应与锅炉一起进行水压试验;安全阀应单独进行水压试验。

7.6.3 水压试验前的检查应符合下列要求:
   a) 对锅壳、集箱等受压部(元)件应进行内部清理和表面检查;
   b) 检查水冷壁、对流管束及其他管子应畅通;
   c) 装设的压力表不应少于 2 只,额定工作压力小于 2.5 MPa 的锅炉,其精度等级不应低于 2.5级;额定工作压力大于或等于 2.5 MPa 的锅炉,精度等级不应低于 1.6 级。压力表应经过校验

合格,其表盘量程应为试验压力的1.5倍~3倍,宜选用2倍;

d) 应在系统的最低处装设排水管道和在系统的最高处装设放空阀。

7.6.4 水压试验应符合GB/T 16508.4的要求。

7.6.5 当水压试验不合格时,应返修。返修后应重做水压试验。

7.6.6 水压试验后,应及时将锅炉内的水全部放尽。当立式过热器内的水不能放尽时,当环境温度低于0 ℃时,应采取防冻措施。

7.6.7 每次水压试验应有记录。

8 管式空气预热器安装

8.1 管式空气预热器安装时,其支承架的允许偏差应符合设计文件的要求。

8.2 管式空气预热器的膨胀节应按设计图纸安装。

9 仪表、阀门

9.1 仪表的校验、安装等方面要求

9.1.1 热工仪表及控制装置安装前,除应按本部分的规定执行外,还应检查仪表、仪器的计量标识是否符合国家计量的有关标准规定。并应进行检查和校验,其精度等级等符合现场使用条件。

9.1.2 仪表及控制装置校验和维护应符合国家计量部门的有关规定。

9.1.3 压力管道及一次仪表的安装,应符合下列要求:

　　a) 在压力管道和设备上开孔应符合设计图样和工艺文件的规定的要求;

　　b) 当在同一管段上安装取压装置和测温元件时,取压装置应装在测温元件的上游。

9.1.4 测温装置安装时,应符合下列要求:

　　a) 测温元件安装位置应符合设计文件的要求;

　　b) 温度计插座的材质应与主管道相同。

9.1.5 压力测量装置的安装,应符合下列要求:

　　a) 压力测点应符合设计文件的要求;

　　b) 当就地压力表测量波动剧烈的压力时,在二次门后应安装缓冲装置;

　　c) 锅壳压力表上应标有表示锅壳工作压力的红线。

9.1.6 安装在炉墙和烟道上的取压装置应倾斜向上,且不应伸入炉墙和烟道的内壁。

9.1.7 水位表的安装,应符合下列要求:

　　a) 玻璃管(板)式水位表上应标明"最高水位""最低水位"和"正常水位"标记;

　　b) 电接点水位表应垂直安装,其设计零点应与锅壳正常水位相重合;

　　c) 锅壳水位平衡容器安装前,应核查制造尺寸和内部管道的严密性;安装时应垂直;正、负压管应水平引出,并使平衡器的设计零位与正常水位线相重合。

9.1.8 信号装置的动作应灵敏、可靠,其动作值应按要求进行整定,并做模拟试验。

9.1.9 热工保护及联锁装置应按系统进行分项和整套联动试验,其动作应正确、可靠。

9.1.10 电动执行机构的安装,应符合下列要求:

　　a) 电动执行机构与调节机构的转臂宜在同一平面内动作;传动部分动作应灵活,无空行程及卡阻现象;

　　b) 电动执行机构应做远方操作试验。开关操作方向、位置指示器应与调节机构开度一致,并在全行程内动作应平稳、灵活、且无跳动现象,其行程及伺服时间应满足使用要求。

9.1.11 阀门电动装置的传动机构动作应灵活、可靠,其行程开关、力矩开关应按阀门行程和力矩进行

调整。

9.2 阀门的严密性试验、安装等方面要求

9.2.1 阀门均应逐个用清水进行严密性试验。严密性试验压力为工作压力的1.25倍。

9.2.2 蒸汽锅炉安全阀的安装,应符合下列要求:

    a) 安全阀应逐个进行严密性试验;

    b) 锅壳和过热器的安全阀的整定应符合 GB/T 16508.5 的要求;

    c) 安全阀应垂直安装,并应装设有足够截面的排汽管,其管路应畅通,并直通至安全地点;排气管底部应装有疏水管;省煤器的安全阀应装排水管;

    d) 在整定压力下,安全阀应无泄漏和冲击现象;

    e) 安全阀经调整检验合格后,应做标记。

9.2.3 热水锅炉安全阀的安装,应符合下列要求:

    a) 安全阀应逐个进行严密性试验;

    b) 锅炉安全阀的整定压力应符合 GB/T 16508.5 的要求;

    c) 安全阀应垂直安装,并装设泄放管。泄放管应直通安全地点,并应有足够的截面积和防冻措施,确保排泄畅通;

    d) 安全阀在调整检验合格后,应做标志。

9.2.4 固定管式吹灰器的安装,应符合设计文件和产品说明书的要求。吹灰器管路应有坡度,并能使凝结水通过疏水阀流出;管路的保温应良好。

10 燃烧设备

10.1 炉排安装等方面要求

10.1.1 链条炉排安装前的检查,应符合 GB 50273 的要求。

10.1.2 链条炉排安装时允许偏差应符合 GB 50273 的要求。

10.1.3 对鳞片或横梁式链条炉排在拉紧状态下测量,各链条的相对长度差应符合 GB 50273 的要求。

10.1.4 炉排片组装不可过紧或过松,装配后应用手扳动,转动宜灵活。

10.1.5 边部炉条与墙板之间,应有膨胀间隙。

10.1.6 往复炉排安装时,允许偏差应符合 GB 50273 的要求。

10.1.7 炉排冷态试运转宜在筑炉前进行,并应符合下列要求:

    a) 冷态试运转运行时间,链条炉排不应小于8 h;往复炉排不应小于4 h。在由低速到高速的调整阶段,应检查传动装置的保安机构动作;

    b) 炉排转动应平稳,无异常声响、卡住、抖动和跑偏等现象;

    c) 炉排片应能翻转自如,且无突起现象;

    d) 滚柱转动应灵活,与链轮啮合应平稳,无卡住现象;

    e) 润滑油和轴承的温度均应正常;

    f) 炉排拉紧装置应留适当的调节裕量。

10.1.8 煤闸门及炉排轴承冷却装置应做水压检查。水压检查应符合设计文件和产品说明书的要求。

10.1.9 煤闸门升降应灵活,开度、煤闸门下缘与炉排表面的距离偏差应符合设计文件和产品说明书的要求。

10.1.10 挡风门、炉排风管及其法兰结合处、各段风室、落灰门等均应平整,密封良好。

10.1.11 挡渣铁应整齐地贴合在炉排面上,在炉排运转时不应有顶住、翻倒现象。

10.1.12 侧密封块与炉排的间隙应符合设计要求,防止炉排卡住。

10.2 燃烧器安装等方面要求

10.2.1 燃烧器安装前的检查,应符合下列要求:

a) 安装燃烧器的预留孔位置应正确,并应防止火焰直接冲刷周围的水冷壁管;

b) 调风器喉口与油枪的同轴度应符合设计文件和产品说明书的要求;

c) 油枪、喷嘴和混合器内部应清洁,无堵塞现象;油枪应无弯曲变形。

10.2.2 燃烧器安装时,调风装置调节应灵活,燃烧器的安装允许偏差应符合设计文件和产品说明书的要求。

11 炉墙砌筑和绝热层

11.1 炉墙砌筑的要求

11.1.1 炉墙砌筑和绝热层施工时,除应按本部分执行外,尚应符合 GB 50211 和 GB 50264 的有关规定。

11.1.2 炉墙砌筑应在锅炉水压试验合格,及所有砌入墙内的零件、水管和炉顶的支、吊装置等的安装质量均符合设计要求后进行。

11.1.3 砖的加工面和有缺陷的表面不宜朝向炉膛或炉子通道的内表面。

11.1.4 炉墙黏土砖砌至一定高度后,应随即进行外墙红砖的砌筑;拉固砖应在炉墙内外层高度基本相等时放置。

11.1.5 红砖外墙砌筑时,应在适当部位埋入短节钢管或预留出一块丁砖的空隙,作为烘炉的排汽孔洞。烘炉完毕应将孔洞堵塞。

11.1.6 燃烧器孔砌筑时,孔的中心位置、标高和倾斜角度应符合设计规定。

11.1.7 耐火浇注料的品种和配合比应符合设计要求;浇注体表面不应有剥落、裂纹和孔洞等缺陷。

11.1.8 砌在炉墙内的立柱、梁、炉门框、窥视孔、管子、集箱等与耐火砌体接触的表面,均应铺贴石棉板或缠绕石棉绳等。

11.1.9 砌体膨胀缝的大小、构造及分布位置,应符合设计文件的要求。

11.1.10 砌体各部位砖缝的允许厚度,应符合设计文件的要求。

11.2 绝热层的要求

绝热层施工时,应符合下列要求:

a) 绝热层施工应在金属烟道、风管、管道等被绝热件的强度试验或严密性试验合格后,方可进行;

b) 绝热层的型式、膨胀缝的位置及绝热材料的强度、容重、导热系数、品种规格均应符合设计文件的要求;

c) 绝热层施工前,应清除锅壳、集箱、金属烟道、风管、管道等被绝热件表面的油污和铁锈,并按设计文件的要求涂刷耐腐蚀涂料;

d) 绝热材料采用成型制品时,捆扎应牢固,接缝应错开,里外层压缝,嵌缝应饱满;

e) 绝热层的允许偏差应符合设计文件的要求;

f) 绝热层施工时,阀门、法兰盘、人孔及其他可拆件的边缘应留出空隙,绝热层断面应封闭严密;托架处的绝热层应不得影响活动面的自由伸缩。

12 整装和组装锅炉的安装

12.1 整装和组装锅炉就位前的检查

应检查基础尺寸和位置,其允许偏差应符合锅炉设备技术文件的规定;当无规定时,应符合 GB 50273 的要求。

12.2 锅炉的设备验收

锅炉运抵后,应在规定时间内根据制造厂的锅炉随炉资料,对零部件进行清点,复核设备的完整性,检查锅炉大件在运输途中是否有损坏变形等情况,如有缺件或损坏应在指定时间与锅炉制造厂联系。

12.3 整装锅炉(或组装锅炉的大件)的卸车

整装锅炉(或组装锅炉的大件)在卸车时,应按照锅炉随炉资料的要求,采用拉动移动或起吊移动。在采用拉动移动时,可以在锅炉大件的移动支架下放置多根钢管,用钢丝绳拉动,拉动时应注意安放钢丝绳的位置,不可损坏锅炉大件的任何部分;在采用起吊移时,安排的起重设备能力满足锅炉大件起吊的要求,起吊点应在锅炉大件的指定位置,不可任意在其他位置上起吊。

12.4 锅炉的总体安装

12.4.1 整装锅炉(或组装锅炉的大件)就位前,应按照锅炉安装的要求,将预先存放的零部件放入指定位置。

12.4.2 锅炉大件就位后应校正水平,其允许偏差应符合锅炉设备技术文件的规定;当无规定时,应符合 GB 50273 的要求。超差时可用垫铁校正。

12.4.3 组装锅炉应按照锅炉随炉资料的要求进行组装合拢,合拢位置尺寸、各大件的纵向中心偏差、倾斜偏差等应符合锅炉设备技术文件的规定,并对各大件的结合面按照要求进行固定和加填料密封。

13 风机、水泵等辅机的安装

13.1 风机的安装

13.1.1 应检查风机的基础、消音装置和防震装置,并应符合设计文件和产品说明书的有关要求。

13.1.2 风机的开箱检查应符合下列要求:
    a) 按设备装箱单清点风机的零件、部件和配套件,并应齐全;
    b) 应核对叶轮、机壳和其他部位的主要安装尺寸,并应与设计文件和产品说明书相符;
    c) 风机外露部分、各加工面应无锈蚀;转子的叶轮和轴颈、齿轮的齿面和齿轮轴的轴颈的主要零件、部件的重要部位应无碰伤和明显的变形;
    d) 整体出厂的风机,进气口和排气口应有防尘盖板遮盖。

13.1.3 风机的安装应符合设计文件和产品说明书的有关要求。

13.2 泵的安装

13.2.1 应检查泵的安装基础的尺寸、位置和标高,并应符合设计文件和产品说明书的有关要求。

13.2.2 泵的开箱检查应符合下列要求:
    a) 应按设备技术文件的规定清点泵的零件和部件,并应无缺件、损坏和锈蚀等;管口保护物和堵盖应完好;

b)　应核对泵的主要安装尺寸并应与设计文件和产品说明书相符；

c)　应核对输送特殊介质的泵的主要零件、密封件以及垫片的品种和规格。

13.2.3　泵的安装应符合设计文件和产品说明书规定。

13.2.4　管道的安装除应符合 GB 50231 的规定外，尚应符合下列要求：

a)　管子内部和管端应清洗洁净，清除杂物；密封面和螺纹不应损伤；

b)　吸入管道和输出管道应有各自的支架，泵不得直接承受管道的重量。

13.2.5　泵的试运转应在其各附属系统单独试运转正常后进行。

13.2.6　泵应在有介质情况下进行试运转，试运转的介质或代用介质均应符合设计文件和产品说明书的要求。

13.3　风机、泵的安装验收

13.3.1　风机、泵应在试运转合格后，方可办理工程验收手续。

13.3.2　工程验收时，应具备下列资料：

a)　设备出厂的有关技术文件；

b)　设备的开箱检查记录；

c)　基础复查记录；

d)　设计变更的有关资料；

e)　设备安装过程中的各项实测记录、隐蔽过程记录等；

f)　设备试运转记录以及必要的竣工资料。

14　烘炉、煮炉、严密性试验和试运行

14.1　烘炉方案的制定及烘炉后验收的合格标准

14.1.1　烘炉前，应制定烘炉方案，并应具备下列条件：

a)　锅炉及其水处理、汽水、排污、输煤、除渣、送风、除尘、照明、循环冷却水等系统均应安装完毕，并经试运转合格；

b)　炉体砌筑和绝热工程应结束，并经炉体漏风试验合格；

c)　水位表、压力表、测温仪表等烘炉需用的热工和电气仪表均应安装和调试完毕；

d)　锅壳锅炉给水应符合 GB/T 1576 的规定；

e)　锅壳和集箱上的膨胀指示器应安装完毕，在冷态状态下应按照设计文件调整完毕；

f)　炉墙上的测温点或灰浆取样点应设置完毕；

g)　应有烘炉升温曲线图；

h)　管道、风道、烟道、灰道、阀门及挡板均应标明介质流向、开启方向和开度指示；

i)　炉内外及各通道应全部清理完毕。

14.1.2　烘炉可根据现场条件，采用火焰、蒸汽等方法进行；蒸汽烘炉适用于有水冷壁的各种类型的锅壳锅炉。用于链条炉排的燃料不应有铁钉等金属杂物。

14.1.3　火焰烘炉应符合下列要求：

a)　火焰应集中在炉膛中央，烘炉初期宜采用文火烘焙，初期以后的火势应均匀，并逐日缓慢加大；

b)　链条炉排在烘炉过程中应定期转动，并应防止烧坏炉排；

c)　烘炉温升应按过热器后（或相当位置）的烟气温度测定；根据不同的炉墙结构，其温升应符合下列要求：

      1) 炉墙温升应符合设计文件的要求;

      2) 耐火浇注料炉墙养护期满后,方可开始烘炉。

  d) 当炉墙特别潮湿时,应适当减慢升温速度,延长烘炉时间。

14.1.4 蒸汽烘炉应符合下列要求:

  a) 应采用 0.3 MPa~0.4 MPa 的饱和蒸汽从水冷壁集箱的排污阀接口处连续、均匀地送入锅炉,逐渐加热锅炉;锅炉的水位应保持正常,温度宜为 90 ℃,烘炉后期宜补用火焰烘炉;

  b) 应开启必要的挡板和炉门排除湿气,并应使炉墙各部均能烘干。

14.1.5 烘炉时,应经常检查砌体的膨胀情况。当出现裂纹或变形迹象时,应减慢升温速度,并应查明原因后,采取相应措施。

14.1.6 烘炉过程中应测定和绘制实际升温曲线图。

14.2 煮炉时的药液量、煮炉时间

14.2.1 在烘炉末期,当炉墙烘炉达到设计文件的要求时,即可进行煮炉。

14.2.2 煮炉开始时的加药量、煮炉的操作过程、煮炉的验收要求等应符合锅炉设备技术文件的规定;当无规定时,可以按 GB 50273 的规定进行煮炉。

14.3 严密性试验和试运行的要求

14.3.1 锅炉烘炉、煮炉合格后,应按锅炉设备技术文件的规定;当无规定时,可以按 GB 50273 的步骤进行严密性试验。

14.3.2 在严密性试验合格后,应对安全阀进行最终调整,调整后的安全阀应立即加锁或铅封。

14.3.3 安全阀调整后,锅炉应带负荷连续试运行 48 h,整体出厂锅炉宜为 4 h~24 h,以运行正常为合格。

15 验收

  锅壳锅炉安装工程施工及验收,除应按本部分的规定执行外,还应符合现行国家法律、法规、标准的要求规定。工程验收应包括中间验收和总体验收。

15.1 锅炉验收的条件

  锅炉连续试运行合格后,方可办理工程总体验收手续。未经总体验收,严禁锅炉投入使用。

15.2 锅炉验收的相关资料

15.2.1 现场安装的锅炉安装工程验收,应具备下列资料:

  a) 开工报告;

  b) 锅炉技术文件清查记录(包括设计修改的有关文件);

  c) 设备缺损件清单及修复记录;

  d) 基础检查记录;

  e) 钢架安装记录;

  f) 钢架立柱底板下的垫铁及灌浆层质量检查记录;

  g) 锅炉本体受热面管子的通球试验记录;

  h) 阀门水压试验记录;

  i) 锅壳、集箱、省煤器、过热器及空气预热器安装记录;

j) 管端退火记录；

k) 胀接管孔及管端的实测记录；

l) 锅炉胀管记录；

m) 受热面管子焊接质量检查记录和检验报告；

n) 水压试验记录及签证；

o) 锅壳封闭检查记录；

p) 炉排安装及冷态试运行记录；

q) 炉墙施工记录；

r) 仪表试验记录；

s) 烘炉、煮炉和严密性试验记录；

t) 安全阀调整试验记录；

u) 带负荷连续 48 h 试运行记录及签证。

15.2.2 整体安装的锅炉安装工程验收应具备下列资料：

a) 开工报告；

b) 锅炉技术资料清查记录（包括设计修改的有关文件）；

c) 设备缺损件清单及修复记录；

d) 基础检查记录；

e) 锅炉本体安装记录；

f) 风机、除尘机、烟囱安装记录；

g) 给水泵或注水器安装记录；

h) 阀门水压试验记录；

i) 炉排冷态试运行记录；

j) 水压试验记录及签证；

k) 水位表、压力表和安全阀安装记录；

l) 烘炉、煮炉记录；

m) 带负荷连续 4 h~24 h 试运行记录。

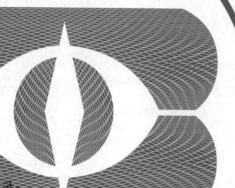

15.3 锅炉性能指标的验收

15.3.1 对首批开发的新产品应按照 GB/T 10180 的规定进行性能试验,锅炉的热工、环保等性能指标应符合设计文件和国家法律、法规、标准的要求。

15.3.2 锅炉的性能试验可由验收双方协商确定,采用定型试验或验收试验进行。

ICS 27.060.30
J 98

中华人民共和国国家标准

GB/T 16508.8—2013

锅壳锅炉

第 8 部分 : 运行

Shell boilers—

Part 8 : Operation

2013-12-31 发布

2014-07-01 实施

中华人民共和国国家质量监督检验检疫总局
中国国家标准化管理委员会
发布

目　次

前　　言

GB/T 16508《锅壳锅炉》分为以下 8 个部分：

——第 1 部分：总则；

——第 2 部分：材料；

——第 3 部分：设计与强度计算；

——第 4 部分：制造、检验和验收；

——第 5 部分：安全附件和仪表；

——第 6 部分：燃烧系统；

——第 7 部分：安装；

——第 8 部分：运行。

本部分为 GB/T 16508 的第 8 部分。

本部分按照 GB/T 1.1—2009 给出的规则起草。

本部分由全国锅炉压力容器标准化技术委员会(SAC/TC 262)提出并归口。

本部分起草单位：广东省特种设备检测研究院、上海工业锅炉研究所、无锡太湖锅炉有限公司、江苏太湖锅炉股份有限公司、张家港海陆重工有限公司。

本部分主要起草人：喻孟全、钱凤华、李越胜、吴钢、顾利平、潘瑞林、薛建光、濮剑虹。

锅壳锅炉
第8部分：运行

1 范围

GB/T 16508 的本部分规定了锅壳锅炉运行管理的基本要求、运行前的准备、启动、运行与调节、停炉、故障处理等要求。

本部分适用于 GB/T 16508.1 范围界定的锅壳锅炉。

2 规范性引用文件

下列文件对于本文件的应用是必不可少的。凡是注日期的引用文件，仅注日期的版本适用于本文件。凡是不注日期的引用文件，其最新版本（包括所有的修改单）适用于本文件。

GB/T 1576 工业锅炉水质

GB/T 2900.48 电工名词术语 锅炉

GB/T 12145 火力发电机组及蒸汽动力设备水汽质量

GB 13271 锅炉大气污染物排放标准

TSG G0001 锅炉安全技术监察规程

TSG G0002 锅炉节能技术监督管理规程

TSG ZF001 安全阀安全技术监察规程

3 术语和定义

GB/T 2900.48 界定的以及以下术语和定义适用于本文件。

3.1

停炉保养 boiler maintenance

在锅炉较长时间停炉期间，为了防止金属腐蚀减薄的保养措施。

3.2

干法保养 boiler dry maintenance

在锅炉较长时间停炉期间，采用使锅炉内部无水分的方法防止金属腐蚀减薄的保养措施。

3.3

湿法保养 boiler wet maintenance

在锅炉短时间停炉期间，采用使锅炉内部水中的氧与金属表面不起作用的方法防止金属腐蚀减薄的保养措施。

4 运行管理的基本要求

4.1 锅炉使用单位应选用符合国家安全技术规范和有关标准要求的锅炉设备，不应选用国家明令淘汰的锅炉和辅机产品。

4.2 锅炉在投入使用前应按照 TSG G0001《锅炉安全技术监察规程》的规定向当地锅炉安全监督管理

部门办理使用登记。

4.3 使用单位应按照 TSG G0001《锅炉安全技术监察规程》和 TSG G0002《锅炉节能技术监督管理规程》的规定,建立锅炉安全与节能的技术档案、锅炉使用管理制度和操作规程。

4.4 锅炉作业人员应按照《特种设备作业人员监督管理办法》的规定持证上岗,按章作业,做好运行检查和记录,发现隐患应及时报告和正确处理。

4.5 锅炉正式投运前,应按 TSG ZF001《安全阀安全技术监察规程》的要求对安全阀进行整定与校验。

4.6 锅炉在运行中,应保证汽压、水位、温度正常,自动控制及联锁保护装置完好,不应在非保护状态下运行。

4.7 锅炉水(介)质应符合 GB/T 1576 或 GB/T 12145 的规定。

4.8 锅炉运行时的大气污染物排放限值应符合 GB 13271 的规定以及锅炉使用地区的环保要求。

5 运行前的准备

5.1 锅炉的外部检查

5.1.1 锅炉本体、辅机设备,以及支承、吊架应完好。

5.1.2 风道及烟道的调节门、挡板应完好、开关灵活、启闭指示正确。

5.1.3 锅炉外部炉墙及保温应完好。

5.1.4 炉门、灰门、看火门孔、防爆门,以及手孔、人孔、检查门孔等装置应完好,且关闭严密。

5.2 锅炉安全附件的检查

5.2.1 安全附件齐全、完好,处于启动要求的位置。

5.2.2 压力表应齐全完好,指针指示正确。存水弯管应正常不变形,压力表三通旋塞启闭灵活。

5.2.3 水位表及其附件应齐全完好,保证水位指示清晰可见。水位表的连接阀、排污阀应启闭灵活。

5.2.4 温度测量仪表及连接件应齐全完好,指针指示正确。

5.2.5 安全阀、泄放阀的铅封应完好,泄放管完好畅通,确保泄放安全,必要时应有防冻措施。

5.3 能效监控装置、能源计量仪表的检查

燃料消耗量计量装置、介质温度计及流量计等应齐全完好,指针指示正确。

5.4 受热面的检查

5.4.1 使用单位应按照锅炉使用说明书的要求,制定锅炉受热面定期检查操作规程。在锅炉的定期检验和大修后应对受热面进行检查。

5.4.2 受热面的外包装、保温及各连接处密封应完好,检查门、孔在关闭状态时密封良好。必要时,应检查过热器、省煤器及空气预热器内部有无异物,保证烟道畅通。

5.5 汽水管道和阀门的检查

锅炉的蒸汽管道、给水管道、进水管道、出水管道、疏水管道和排污管道应畅通,各管道的支架、保温应良好。管道上的阀门应完好且开关灵活,阀门的启闭和开度应保持正确位置。

5.6 燃烧设备的检查

5.6.1 燃烧设备应无影响正常运行的变形和损伤,机械传动装置应进行试运转正常,且润滑良好。

5.6.2 炉排无影响正常运行的变形和损伤,炉排片的间隙合适,给煤机应运转正常。

5.6.3 燃油或燃气锅炉应检查燃烧器、燃料供应管路、滤网、油泵、油加热器等。各旋塞、阀门、接头等

不应堵塞或泄漏。油压表、油温表、气压表应完好,指针指示正确。

5.7 给水系统及水处理设备的检查

5.7.1 水泵应处于正常状态并经试运转正常,给水管路、阀门、水箱及附件应处于正常状态。

5.7.2 离子交换设备、除氧设备及加药设备应完好,无泄漏、腐蚀、堵塞,具备运行条件。

5.8 通风设备的检查

检查送、引风机内有无异物。风机处于正常状态并经试运转正常,润滑油油位正常。烟、风挡板转动灵活,启闭和开度符合要求。

5.9 除渣及除尘脱硫设备的检查

5.9.1 除渣设备装置齐全完好,润滑、冷却系统正常,试运转无异常现象。

5.9.2 除尘脱硫设备外部应清洁,无漏风、漏水及堵塞等现象。

5.10 燃料供应和输送设备的检查

燃料储存应充足,输送系统试运转无异常现象。

5.11 吹灰装置的检查

吹灰装置应完好,且无泄漏、动作灵活。配套设施应运转正常。

6 启动

6.1 锅炉进水

6.1.1 蒸汽锅炉进水

应在锅炉进水阀处于开启状态时进水,进水速度应按锅炉使用说明书的要求。在进水过程中,应检查空气阀是否排气,锅筒、联箱的孔盖及各部的阀门、法兰、堵头等处是否有漏水现象。当进水至最低安全水位时,停止进水进行检查,如有异常情况,应进行处理;当锅炉点火对水位有特殊要求时,应进水至点火水位。

6.1.2 热水锅炉进水

热水锅炉充水前应关闭所有的排水及疏水阀,同时开启管网末端的连接供水与回水管的旁通阀。进水至锅炉顶部、管网中、集气罐上的空气阀冒出水为止。

6.2 点火

6.2.1 锅炉的点火方法和程序应按锅炉使用说明书的要求或使用单位制定的操作规程进行。

6.2.2 链条炉排锅炉的点火,应先打开烟道挡板,保持烟气通道畅通。点火不应使用易爆燃的燃料。热水锅炉在点火前应启动循环水泵。

6.2.3 燃油燃气锅炉点火,应按规定的点火程序进行。在点火前应用风机对炉膛进行吹扫,吹扫风量应足以使炉膛和烟道中的残存气体被吹尽。如果一次点火不成功,应检查火焰探测器是否正常、熄火保护是否起作用、熄火后是否切断燃料的供给。再次点火应有足够的时间间隔且满足风量足够的要求。

6.3 蒸汽锅炉的升压与并汽

6.3.1 升压

6.3.1.1 为确保锅炉不致产生过大的热应力,锅炉从冷态备用状态点火到升至工作压力应保证有一定的时间,按锅炉使用说明书或使用单位制定的操作规程进行。

6.3.1.2 升压过程中应控制水位,水位过高时采用锅炉下部放水方法,水位过低则进行补水。

6.3.1.3 对于非沸腾式省煤器,有旁路烟道者应使省煤器出口水温低于相同压力下的饱和温度30 ℃以下,无旁路烟道者可用再循环管路保持省煤器出口水温。

6.3.2 并汽

6.3.2.1 并汽前应使锅炉出口蒸汽压力略低于蒸汽母管汽压,以免并汽时汽压突降引起锅水急剧蒸发。

6.3.2.2 并汽时应先开启并汽阀的旁路阀,后开启并汽阀。开阀时要缓慢,并汽阀开启后再关闭并汽阀的旁路阀。

6.4 热水锅炉升温

在升温期间,应密切监视出水温度及压力的变化。当出水温度接近正常供水温度时,应检查各连接处有无渗漏现象。

6.5 水泵的检查

锅炉启动前,应对水泵进行试运转,并应检查轴承盒内润滑油是否充足,轴承冷却水系统是否正常。

6.6 风机的开启

风机的开启方法和程序应按锅炉的使用说明书或使用单位制定的操作规程进行,同时配备鼓风机和引风机的锅炉,一般情况下,应先开启引风机,后开启鼓风机。

6.7 除尘脱硫设备的启动

除尘脱硫设备应随锅炉同时启动,开启方法和程序应按锅炉的使用说明书或使用单位制定的操作规程进行。

7 运行与调节

7.1 安全附件

7.1.1 压力表

运行中压力表及三通旋塞出现破裂、渗漏、指示压力不正确等影响安全的故障时,应及时修复,必要时应停炉检修。压力表存水弯管及连接管应定期进行冲洗,保证通畅。

7.1.2 水位表

7.1.2.1 水位表应保持清洁,如不能清晰显示水位时应及时更换。

7.1.2.2 水位表应定期冲洗检查,当锅炉开启时,应按如下方式冲洗水位表:
  a) 锅炉内有压,则在点火前进行;
  b) 锅炉内无压,则在产生蒸汽升压后进行。

7.1.2.3 使用压差式远程水位表时,应防止管路中出现泄漏。

7.1.2.4 水位表阀门应定期开启,保持操作灵活,便于拆卸检修。

7.1.3 安全阀

7.1.3.1 应定期进行安全阀手动排放试验。

7.1.3.2 当安全阀发生蒸汽泄漏时,应及时处理,必要时应停炉更换。对于弹簧安全阀,不应采用压紧弹簧的方式处理;对于杠杆式安全阀,不应采用外移重锤的方法处理。

7.1.3.3 若安全阀达到整定压力没有起跳排放时,应在手动提升杠杆使其排放后再行试验。当动作仍达不到要求时,则应停炉检修。

7.2 辅机

7.2.1 水泵

水泵运转时应保持平稳,无异常声响。当出现异常情况,应切换至备用水泵,并及时检修。

7.2.2 风机

风机正常运行中,应观察电动机的电流变化,并经常观察轴承润滑、油位及轴承温度等。遇到下列情况时,应立即停机检查或修理:

    a) 电动机冒烟;

    b) 发生强烈振动和有较大的碰撞声;

    c) 电流值突然变大。

7.2.3 除尘设备

7.2.3.1 除尘器在运行中应保持密封,排灰系统应运转正常,排灰畅通。

7.2.3.2 水膜除尘器应保持除尘器水箱水位正常,不允许水箱向外溢水或中断供水;锁风器应灵活,水封严密;除尘器水门应全开,喷嘴水流畅通;除尘器底部有堵灰时,应及时疏通。

7.2.3.3 袋式除尘器入口前应设有旁通烟道,旁通烟道阀应为自动控制。烟温过低或烟温超高时应隔离袋式除尘器,使烟气进入旁通烟道,以免损坏滤袋。如长期停运,应在停止工作后进行 15 min～30 min 的清灰运转,停运期间应保持滤袋干燥。

7.2.3.4 静电除尘器运行中应观察电流、电压的变化,出现异常时应及时进行检查与维修。

7.2.3.5 应经常检查湿法脱硫装置的喷口是否有堵塞,洗涤液中脱硫剂的浓度是否达到要求,如发现堵灰应及时疏通。

7.2.4 除渣设备

除渣设备的转动部分应及时添加润滑油,以防止部件的磨损;刮板除渣机应空载启动,如无特殊情况不得负载停车。

7.2.5 上煤设备

应经常检查传动部件,保持传动轴承和驱动部分润滑良好。

7.2.6 水处理设备

7.2.6.1 对于锅内水处理,应根据锅水水质化验报告及时向锅内加药,并调整连续排污阀开度或开启定期排污阀排水。蒸汽锅炉的排污应保证锅水的碱度和含盐量在规定的范围内;热水锅炉的排污应保证出水水质符合要求。

7.2.6.2 对于锅外水处理,应定期化验经过水处理设备处理后的水质,加强树脂的使用和管理,防止其失效。

7.2.6.3 应定期对除氧器出水水质进行分析,控制给水水质。除氧器停用时应放尽水箱内部存水,检查和清洗所有部件,并保持水封管畅通,防止除氧器超压运行。

7.3 蒸汽压力调节

通过调整燃烧等方法调节蒸汽压力,以保证锅炉蒸发量满足供汽负荷的要求。蒸汽压力应保持稳定,不得超压运行。

7.4 水位调节

7.4.1 在运行中应保持水位表完好,指示正确、清晰可见、照明充足。

7.4.2 锅炉给水应维持锅炉水位在锅筒水位表的正常范围内。锅炉给水应按锅筒水位表的指示进行调整。水位表的偏差应符合锅炉使用说明书的要求。当水位表有异常时,应及时处理。

7.4.3 在锅炉负荷变化较大时,应注意水位的"虚假"变化,避免误操作。

7.4.4 当给水自动调节器投入运行时,应监视锅筒水位的变化,并对照检查给水流量与蒸汽流量是否相符。

7.5 热水锅炉出水温度调节

7.5.1 锅炉使用单位应根据当地情况,制定锅炉出水温度与室外气温关系曲线,运行中依据规定的出水温度与室外气温的对应关系及时进行燃烧调节。

7.5.2 热水锅炉出水温度应低于运行压力下相应饱和温度(即锅水汽化温度)的 30 ℃以下。

7.6 燃烧调整

7.6.1 调整方式的确定

按照锅炉使用说明书的要求,根据锅炉负荷变化情况调整燃烧工况,调整方式可根据锅炉的燃料种类、炉膛结构和燃烧方式等进行确定,如调整燃料供应量、空气供应量等。

7.6.2 链条炉排锅炉调整

7.6.2.1 锅炉在正常运行中,应根据锅炉负荷的变化及时调整给煤量和送风量,一般采取改变炉排速度的方式调整给煤量;只有在锅炉负荷变化较大或煤质改变时,可采用变更煤层厚度的方式调整给煤量。

7.6.2.2 应采用调整鼓、引风机的风量、炉排配风风门的开度等方法降低排烟处过量空气系数、降低炉渣和飞灰含碳量。在运行中,应防止炉排片、炉排托架和挡灰板过热;在压火后,如有过热现象时,可加强自然通风使其冷却,禁止浇水冷却。

7.6.3 燃油气锅炉燃烧调整

7.6.3.1 锅炉操作人员应密切关注锅炉的出力情况。如锅炉及供热系统出现异常,应及时处理。

7.6.3.2 如锅炉的运行工况超出了自动调节的范围,则应通过更换燃油的油嘴、改变供油(气)压力等方法进行调整。调整方法应按锅炉和燃烧器的使用说明书进行。

7.7 自动控制与联锁保护

7.7.1 自动控制系统的运行

7.7.1.1 自动控制系统应定期进行验证,锅炉自动控制系统不得解列,自动控制装置的损坏或故障应及时修复。

7.7.1.2　自动控制系统投入运行时,应监视锅炉运行参数的变化、自动控制系统的动作情况,避免因失灵而造成不良后果。

7.7.1.3　当自动控制装置出现故障不能立即修复,又不能停止锅炉运行,并且解列的自动控制确认不影响锅炉的安全运行时,须得到使用单位锅炉设备技术主管确认后方可解列。

7.7.2　联锁保护系统的运行

7.7.2.1　锅炉联锁保护系统出现失效时,应立即停止锅炉运行,修复或更换后方可重新启动锅炉。

7.7.2.2　锅炉运行时保护装置与联锁装置不得退出停用。

7.8　吹灰装置的运行

7.8.1　吹灰装置的操作应按锅炉使用说明书的要求或使用单位制定的操作规程进行。

7.8.2　当锅炉运行负荷变化较大或燃料变化等情况时,应加强吹灰条件的监视,调整吹灰的频次和吹灰的强度。

7.8.3　实施吹灰时,应密切监视锅炉各部分运行参数或状态的变化,并进行现场检查。发生异常时,应进行分析并排除故障。

8　停炉

8.1　正常停炉

8.1.1　锅炉的正常停炉应符合安全技术规范的规定,操作方法和程序应按锅炉使用说明书或使用单位制定的操作规程进行。

8.1.2　蒸汽锅炉的正常停炉操作为停止供给燃料,停止送风,再停止引风,降低压力,保持水位,待冷却后再关闭给水阀;关闭主汽阀,打开疏水阀,关闭烟道挡板。

8.1.3　热水锅炉的正常停炉操作为停止供给燃料,停止送风,再停止引风,但不可立即停止循环水泵,只有当锅炉出水温度低于50 ℃时才能停止循环水泵。停止循环水泵时要防止产生水击。

8.2　紧急停炉

8.2.1　紧急停炉的条件、操作方法和程序应按锅炉使用说明书或使用单位制定的操作规程进行。

8.2.2　紧急停炉时,应先停止燃料供给,同时按照锅炉使用说明书的要求调整烟风系统、汽水系统,保证不超压、不干锅、不爆炸,不影响其他设备的安全。当锅炉内部水温低于70 ℃时,方可排尽锅水。

8.2.3　紧急停炉时,如无缺水和满水现象,可以采用给水、排污的方式来加速冷却和降低锅炉压力。

8.2.4　对于链条炉排锅炉,可根据故障的性质进行处理。必要时可排出炉膛内燃煤,但在任何情况下不得采用往炉膛里浇水冷却锅炉的方法。

8.2.5　对于热水锅炉紧急停炉,不得立即停止循环水泵,待锅炉出口水温度降到50 ℃以下时,才能停止循环水泵,关闭出口阀门,打开泄放管,排出蒸汽。如继续汽化,可向锅炉进水,从泄放管放水,使锅水流动,降低锅水温度。热水锅炉与热水供热系统有自然循环回路的,应打开自然循环回路上的阀门。

9　维护与保养

使用单位应根据锅炉使用说明书制定符合本单位实际情况的维护保养制度和操作方法。

9.1 运行维护保养

锅炉在运行期间不停炉进行局部的、预防性的检修。一般锅炉运行 3 个月后进行 1 次。

9.2 定期维护保养

使用单位应有计划地安排停炉,对设备进行全面的、恢复性的检修或更换零部件的保养工作。一般锅炉运行 1 年后进行 1 次。

9.3 停炉保养

9.3.1 锅炉在停炉后应进行保养,防止锅炉被腐蚀等侵害,延长锅炉使用寿命。停炉后应有防寒措施,冬季停炉后,应监视锅炉房的温度,维持室温经常在 10 ℃以上。热工仪表导管内的积水应排净,湿式除尘脱硫器中的存水应排净。

9.3.2 停炉时间较长的锅炉应采用干法保养。停炉后将水放净,清除水垢和烟灰,关闭汽、水管道及排污管道上的阀门。打开锅筒上的人孔,将足量干燥剂放入锅筒内,然后将人、手孔密封。及时更换失效的干燥剂。如果锅炉房环境较为潮湿,则炉膛内也应放入干燥剂防潮。

9.3.3 停炉时间较短的锅炉应采用湿法保养。停炉后将水放净,清除水垢和烟灰。将配置的碱性防腐液注入锅炉,关闭所有汽、水、排污阀及手孔、人孔等。开启给水阀门将软化水灌满锅炉(包括过热器和省煤器),然后关闭空气阀和给水阀门,再开启专用水泵使锅炉内部的水循环流动,保持锅炉内壁各处的碱液浓度均匀。保养期要保持锅水碱度,pH 值为 10～12。

10 故障处理

10.1 锅炉管理人员应按锅炉使用说明书的要求,掌握锅炉故障的处理方法和操作程序。

10.2 蒸汽锅炉超压故障的处理方法如下:
 a) 停止燃料供给,迅速减弱燃烧强度;
 b) 如果安全阀失灵而不能自动排气时,可人工启动安全阀排气,或打开锅炉上的空气阀,使锅炉逐渐降压;
 c) 进行给水和排污,降低锅内温度;
 d) 压力降低到允许范围后,检查本体有无损坏和查找锅炉超压原因后,再决定停炉或恢复运行。

10.3 蒸汽锅炉缺水故障的处理方法如下:
 a) 当锅炉汽压及给水压力正常,而锅筒水位低于最低安全水位时,应采取下列措施:
  1) 验证低位水位表的指示正确性(如对其有怀疑时,应与锅筒水位表对照,必要时还应冲洗水位表);
  2) 若因给水自动调整器失灵而影响水位时,应手动开大调整阀,增加给水;
  3) 如用调整阀不能增加给水时,则应投入备用给水管道,增加给水;
  4) 检查所有的排污阀及放水阀是否关闭,必要时,可适当降低锅炉蒸发量;
  5) 如锅筒水位继续下降,且在锅筒水位表中消失时,应立即紧急停炉。
 b) 如给水压力不正常,锅筒水位降低时,应降低锅炉蒸发量,维持水位,同时进行处理。仍然不能维持水位,应立即紧急停炉。

10.4 蒸汽锅炉汽水共腾故障的处理方法如下:
 a) 适当降低锅炉蒸发量,并保持稳定;
 b) 全开连续排污阀,必要时,开启故障放水阀或其他排污阀,注意保持锅筒水位不低于最低安全水位;

c) 采用锅内投药处理的锅炉,应停止加药;

d) 开启过热器和蒸汽管道等处的疏水阀进行疏水;

e) 测定蒸汽含盐量,并改善锅水质量;

f) 在锅水质量未改善前,不允许增加锅炉负荷;

g) 故障消除后,应冲洗锅筒水位表。

10.5 蒸汽锅炉爆管故障的处理方法如下:

a) 炉管爆管的处理方式:

　　1) 炉管轻微破裂,如水位尚能维持,故障不会迅速扩大时,可短时间减负荷运行,至备用锅炉升火后再停炉;

　　2) 炉管爆裂,不能维持水位和汽压时,应紧急停炉,特别是当水位表中已看不到水位,炉膛温度又很高时,切不可给水,以免导致更大故障发生。但引风机应继续运行,待排尽高温烟气和蒸汽后方可停止;

　　3) 如有数台锅炉并列供汽,应将故障锅炉与蒸汽母管隔断。

b) 过热器管爆裂的处理方式:

　　1) 过热器管轻微破裂,不致引起故障扩大时,可维持短时间运行,待备用锅炉投入运行后再停炉检修;

　　2) 过热器管爆裂较严重时,应紧急停炉。

c) 省煤器管爆裂的处理方式:

　　1) 对于沸腾式省煤器,如能维持锅炉正常水位时,可加大给水量,并且关闭所有的放水阀和再循环管阀,以维持短时间运行,待备用锅炉投入运行后再停炉检修。如果故障扩大,不能维持水位时,应紧急停炉;

　　2) 对于非沸腾式省煤器,应开启旁路烟道挡板,关闭主烟道挡板,暂停使用省煤器。同时开启省煤器旁通管路旁通阀,继续向锅炉供水;

　　3) 如省煤器烟气进出口挡板很严密,开启旁路烟道后省煤器被隔绝,可不停炉进行检修;

　　4) 锅炉在隔绝有故障省煤器运行时,排烟温度不应超过引风机铭牌的规定,否则应降低负荷运行。

10.6 热水锅炉汽化故障的处理方式如下:

a) 停止锅炉运行;

b) 检查热水锅炉和供热循环回路系统产生汽化的原因,并进行处理。

10.7 热水锅炉水击故障的处理方式如下:

a) 锅炉局部汽化造成的水击故障应停止锅炉运行;

b) 省煤器中发生水击故障时,有旁路烟道的应打开旁路烟道,关闭主烟道。随着省煤器中烟温降低,其水击现象会随之减缓。此时,应开大省煤器回水阀,增加回水流量,待水击现象消除后,再使烟气流经省煤器;

c) 对无旁路烟道的中热水锅炉,应视省煤器与锅炉的连接形式分别处理:

　　1) 省煤器与锅炉采用并联连接方式:应首先减弱燃烧,待水击现象缓解后开大省煤器进水阀,加大流经省煤器的回水量,待水击现象完全消除,再恢复正常燃烧。并注意监视省煤器的进、出水温度;

　　2) 省煤器与锅炉采用旁路管的连接方式:应首先减弱燃烧,同时观察省煤器进、出水温度,如水在省煤器中温升不大,应打开省煤器顶部的安全阀,放水排气,待水击现象完全消除后再恢复正常运行;

　　3) 省煤器与锅炉采用串联连接方式:参照上述方法进行处理;

d) 汽水两用锅炉中发生由蒸汽窜入热水引出管而造成水击故障时,应立即减弱燃烧,停止循环水泵的运行,同时缓慢上水,使热水引出管上部水位高度增加。在进行以上操作的过程中应随时监视锅筒压力,使之保持在正常范围内。

10.8 燃油或燃气锅炉炉膛熄火故障的处理方式如下:

    a) 关闭总进油阀及油嘴的进、回油阀,关闭燃气供应阀门;

    b) 保持锅炉正常水位;

    c) 重新启炉点火要有足够的时间间隔且满足风量足够的要求。再次点火应按锅炉使用说明书的要求进行,防止炉内的残余可燃气体发生爆燃引起安全事故。

10.9 燃油或燃气锅炉炉膛爆炸故障的处理方式如下:

    a) 立即停炉,切断全部电源;

    b) 切断燃料供应。

10.10 锅炉尾部烟道二次燃烧故障的处理方式如下:

    a) 立即停炉,切断燃料供应;

    b) 关闭烟道、风道挡板,严禁启动送、引风机;

    c) 立即投入二氧化碳或其他灭火装置,不能用水灭火;

    d) 当排烟温度低于 150 ℃ 且稳定 1 h 以上,可打开检查门孔检查,确认无火源后,方可启动风机通风降温。当排烟温度下降到 50 ℃ 以下时,方可进入烟道内检查。